智能家居设计全书

Smart Home Design Collection

颜晋南　朱小斌　尤呢呢　著

江苏凤凰科学技术出版社·南京

图书在版编目（CIP）数据

智能家居设计全书 / 颜晋南，朱小斌，尤呢呢著. ——
南京 ：江苏凤凰科学技术出版社，2022.9（2023.1重印）
ISBN 978-7-5713-3106-1

Ⅰ．①智… Ⅱ．①颜… ②朱… ③尤… Ⅲ．①住宅 -
智能化建筑 - 室内装饰设计 Ⅳ．①TU241.02

中国版本图书馆CIP数据核字(2022)第146406号

智能家居设计全书

著　　　者	颜晋南　朱小斌　尤呢呢
项目策划	凤凰空间 / 周明艳
责任编辑	赵　研　刘屹立
特约编辑	周明艳

出版发行	江苏凤凰科学技术出版社
出版社地址	南京市湖南路1号A楼，邮编：210009
出版社网址	http://www.pspress.cn
总经销	天津凤凰空间文化传媒有限公司
总经销网址	http://www.ifengspace.cn
印　　刷	雅迪云印（天津）科技有限公司

开　　本	710 mm×1 000 mm　1 / 16
印　　张	10
字　　数	128 000
版　　次	2022年9月第1版
印　　次	2023年1月第2次印刷

标准书号	ISBN 978-7-5713-3106-1
定　　价	78.00元

图书如有印装质量问题，可随时向销售部调换（电话：022-87893668）。

序

FOREWORD

　　看到这本书的初稿时，我突然眼前一亮，第一反应是它为什么没有早些面世。那样的话，像我这样的智能家居从业者就可以少走很多弯路。我们当时学习智能家居时，市面上智能家居相关的图书很少。本书的内容涵盖了智能家居现状和智能家居产品功能、场景逻辑、案例实操，以及如何搭建自己家中的智能场景等。我想这本书不仅适合智能家居从业者来阅读，对智能家居爱好者也同样适用，甚至智能家居入门级的读者也可以轻松学习。可以说，这本书在一定程度上改变了国内智能家居读物匮乏的现状。

　　智能家居已发展为室内装修行业的前沿领域，掌握智能家居的常识和现状是设计师应该具备的基本素养之一。"无智能，不装修"，这句话在智能家居圈子里被提了很多年，但真正被人们熟知还是在华为公司入局智能家居的时候。华为强调的是万物互联，而智能家居的主要场景是在家庭之中，当家庭作为万物互联的一部分时，智能就显得尤为重要。生活的理想状态不仅应有高效便捷的生活环境，更需要整个生存环境得到改善，所以由智能家庭、智慧办公、智慧交通、智慧教室组成的智慧城市才是今后智能发展的主旋律。以前是关注能否实现我想要的功能，现在是能否在家里扩展更多的智能单品，未来是能否具备与外界事物连接互动的能力，成为我们选择或推荐智能家居的主要参考依据。

　　在短视频风靡的今天，各种短视频平台已经成为我们获取信息的主要方式，但那些信息正是视频投放者想让你看到的。可能你一会儿会刷到有线的智能家居视频，会发现全屋智能电力线通信物联网（PLC-IoT）不错，过一会儿又会刷到无线紫蜂物联网（Zigbee），觉得也还行，但你没有留意自己的家已经是精装房了，再了解有线智能家居其实是在浪费时间。在这样一个大环境中，这本书可以说是智能家居领域中具有普及价值和普适性的中立书籍。如果你是设计师或智能家居从业者，你可以从中了解智能家居的发展方向和趋势，在未来的职业道路上快速成长；如果你是智能家居爱好者，相信你会从一名新手快速成长为智能家居的资深高手。

智能家居博主　周聪

前言

PREFACE

2017 年底，有位设计师突然跑过来找我，说："有位业主想做全屋智能，不知道该怎样设计？"那时公司就我比较懂智能家居，于是我过去和业主聊了许久。聊的过程很顺利，签单也很顺利。在后续的沟通中，我发现我们的很多理念接近。恰逢深圳绿米联创科技有限公司在招服务商，于是我们合伙成立公司，顺利拿下绿米联创在福建泉州的服务商授权。

2018 年，智能家居在泉州这类非一线城市还属于比较新颖潮流的产品，大部分人的装修选项中智能家居设备是可选项而非必选项。但在接下来的两年中，我发现：开始主动咨询、了解智能家居的业主和设计师越来越多。在组织过几场针对设计师的智能家居培训后，我发现：绝大部分设计师对于智能家居的体验几乎为零。许多设计师在体验完智能样板房，并听完智能家居在室内设计中的应用后，纷纷表示以后会主动向业主推荐智能家居。因为我本身是设计师，又从事智能家居行业，所以更了解设计师所关注的问题，所讲解的智能知识点也更易打动设计师。后来，我便开始尝试在设计师学习平台"设计得到"上录制课程。课程上线后，用户反馈不错。不久，还收到出版社的邀请，希望我能撰写一本有关智能家居的书籍作为设计师和智能家居爱好者的智能家居设计指南。

由于智能家居发展迅速，从本书撰写到出版面世的这段时间，市场上又涌现出很多新产品、新技术，虽然我已尽可能地对书中知识点进行更新和修正，但仍不免有疏漏之处，还请大家指正。

希望本书可以给设计师朋友们带来更多的启发。希望本书的案例解析，能让设计师清楚如何通过智能家居系统来解决设计痛点，了解智能家居系统的实现逻辑，掌握更加系统的智能家居设计知识。

颜晋南

目录

CONTENTS

■ 第 3 章　智能家居场景设计案例

■ 第 4 章　智能家居设计落地步骤

■ **第 5 章   常见智能家居平台**

第 1 章

智能家居在室内
设计中的现状

智能家居在国内外发展的现状

要想设计好的智能家居，应先对智能家居有个初步的了解，本节通过介绍智能家居的起源和近几十年来智能家居在国内外发展的状态，带领设计师一步一步走近全屋智能。

智能家居的定义和起源

什么是智能家居？现在的我们可以很方便地通过各种渠道得到智能家居的定义。

全屋智能照明示意图（图片来源：绿米联创）

有人认为智能家居（smart home）是以住宅为平台，利用综合布线技术、网络通信技术、安全防范技术、自动控制技术、音视频技术将与家居生活有关的设施集成，构建高效的住宅设施与家庭日常事务的管理系统，提升家居安全性、便利性、舒适性、艺术性，并实现环保节能的居住环境。

有人认为智能家居是以住宅为平台，兼备建筑、网络通信、信息家电、设备自动化功能，集系统、结构、服务、管理为一体的高效、舒适、安全、便利、环保的居住环境。智能家居利用先进的计算机技术、网络通信技术、综合布线技术，将与家居生活有关的各种子系统有机地结合在一起，通过统筹管理，让家居生活更加舒适、安全。

还有人认为家庭自动化（home automation）是指家庭中的建筑自动化，也被称作智能家居（smart home）。在英文中也有"Domotics"的称呼。家庭自动化系统能够控制灯光、窗户、温湿度等，它也可能同时包含家庭安防设施，例如出入控制和警报器。家庭自动化主要有三个优点：第一，减少环境影响：通过自动开启、关闭空调来保持室内温度的舒适性。第二，改善生活质量：一些家务活可以让智能机器人来处理，人们可以有更多的时间娱乐、陪伴家人。第三，节约能源：通过自动关闭无人房间的空调设备和灯来实现节能减排。

对于设计师来说可以简单地理解为：通过各种先进的技术提升家居安全性、便利性、舒适性、艺术性，并实现环保节能的居住环境。

智能家居最早出现在美国。1984 年，美国联合科技建筑系统公司（United Technologies Building System Co.）将建筑设备信息化、整合化概念应用于美国康涅狄格州哈特福德市的城市建筑中，出现了首栋"智能型建筑"，从此拉开了智能家居发展的序幕。

"智能型建筑"示意图

智能家居在国内外发展的情况

世界首篇智能家居论文于 1939 年在《大众机械》（*Popular Mechanics*）杂志上发表。1997 年，比尔·盖茨建成了世界首栋智能家居豪宅，智能家居系统开始步入家装领域。1999 年，迪士尼公司打造了世界首部以智能家居为主题的电影《智能的房子》（*Smart House*），感兴趣的设计师可以去看看电影里面有哪些情节现在已经实现了。2010 年，世界首个智能单品 Nest 智能温控器诞生，从 2014 年开始，智能音箱开始步入美国千家万户。国产品牌小米在 2017 年将价格亲民的小爱智能音箱投放市场，让国内智能单品的普及率大幅提升。

国内智能家居的发展起步较晚，2017 年以前还是以欧美高端智能家居品牌的代理商、经销商等组建的本地安装集成商为主，服务的客户往往都是高收入群体。2017 年以来，智能音箱、智能门锁、智能摄像机等千万级销量的爆款产品不断涌现，智能家居平台型企业快速发展。2020 年以来，在 5G、大数据、云计算等技术支持下，越来越多的智能设备可以很便捷地接入多平台，实现自动化配置。现在正是新型无线智能家居步入千家万户的好时代，同时也是设计师需要关注、学习智能家居的时代。

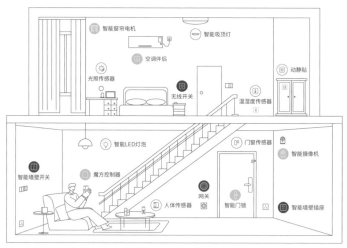

全屋智能产品点位示意图（图片来源：绿米联创）

主流消费者对智能家居的认知

主流消费者目前对智能家居的认知还停留在产品不稳定、价格昂贵、系统复杂等印象中，通过科幻电影等了解到的智能家居产品又往往不接地气。大部分人都是通过各种屏幕（手机屏、电视机屏、电梯广告屏、户外广告屏等）来了解智能家居，真正体验过的人很少。本书针对的群体主要是家装设计师、喜欢自己动手 DIY 的业主，这部分群体若想体验智能家居的话，往往只能去家居建材卖场。现阶段家居建材卖场里面的智能家居大部分还是传统的有线智能家居，存在造价昂贵、配置布线复杂、维护成本高昂、后期更改升级难度大等问题。2020 年以来，大量的新智能家居品牌开始线下开店，产品价格亲民。随着厂家的关注和投入，装修房屋的群体主要是新一代年轻人，消费者对于智能家居的认知也在逐渐完善，他们更容易接纳全屋智能。

近几年随着智能家居的发展，越来越多的业主在装修设计阶段就会考虑智能家居。由于之前的全屋智能家居系统还只有少数人能接受，大部分普通业主的现有住房中并没有智能家居系统，所以对于智能家居的理解往往存在很多的误区。

用手机控制全屋智能设备

听过看过不等于用过

现在装修的主力军大部分是"80 后"和"90 后"，这群人几乎都听过"智能家居"，大约九成的人通过网络平台看到过智能家居相关的图片、视频，感兴趣再去搜索智能家居相关产品的人就仅剩六成左右，会主动去线下实体店体验智能家居单品，如指纹锁、智能电视机、智能冰箱等的不超过三成，完整地体验过全屋智能全场景模式（回家、入户、灯光、窗帘、睡眠、起床、离家、安防）的估计不到一成。道听途说不如身临其境，因为没有完整体验过智能家居，所以业主在装修前期和设计师沟通的时候，对于智能家居需求的描述可能不切实际或者不够准确。如果恰巧设计师也对全屋智能家居不够了解，那么在前期设计需求调研阶段中，沟通起来可能会事倍功半。

全屋智能产品使用场景（图片来源：绿米联创）

　　早期的智能家居系统集成商往往更多的是做工装项目，并没有提供所谓的实景智能家居样板间供客户体验。在建材市场中，更多的是全屋智能家居系统单类产品系统的体验，比如家庭影院系统、背景音乐系统、安防监控系统、全屋调光系统，甚至只有单品体验，比如指纹门锁等。消费者和设计师对智能家居的了解和体验都是碎片化的，而且每个厂家对于功能、协议、布线要求都不同。不过随着国内智能家居品牌的崛起，越来越多的全屋智能样板间落地到各个城市，不仅在传统的建材家居卖场，甚至在商场、超市也搭建了体验间，消费者可以很容易身临其境地进行全屋智能的体验和感受智能家居带来的便利。

业主眼中的智能家居和实际的智能家居

有九成的业主对智能家居的理解是通过"被加工"后的视频或图片来了解的。何为"被加工"？各类智能品牌厂家的发布会演示视频，各类官方宣传视频，各类智能家居爱好者、动手能力强的达人分享的攻略等，这些都是"被加工"成更受欢迎、更易传播、更容易被转发和点赞的作品，图片精挑细选、视频拍了又拍，只为呈现一次"完美"的智能家居体验。

例如很多人看过的智能音箱应用场景演示视频，在一个很温馨的家居场景中，业主随口喊一句"小爱同学"或者"天猫精灵"，"我想看《密室逃脱》！"，然后灯光缓缓变暗，客厅阳台的窗帘开始关闭，电动按摩沙发开始启动，扫地机器人暂停工作，电视机自动打开并进入《密室逃脱》综艺节目。看完这几十秒的视频后，你会觉得智能家居也太好用了吧，立刻脑袋一热，点击短视频下方链接购买了一台智能音箱。到家后却发现，除了用来听听相声，并没有什么用，音质甚至不如手机外放音质好，家里的电视机也不会听它使唤，更不用说灯光和窗帘了。

因为视频并没有告诉你要实现这些功能，除了购买智能音箱以外，全屋的灯光线路还需要特殊的规划设计，需要选择可接入智能音箱平台的智能开关，电视机也需要平台对应的智能电视机，窗帘的轨道也要是电动窗帘专用的，不仅对窗帘盒的宽度有要求，还需要预留电源等。哪怕这些都具备了，你也会发现，音箱摆放的位置会影响它对唤醒词的识别，离人太远不行，离墙太近也不行，环境太吵它听不到，环境太安静又很容易莫名其妙被唤醒直接吓你一跳。可视频里面随口喊一句"某某同学"就能完成很多事情，怎么到自己家就不行了？

扫地机器人"翻车"

智能设备"耍脾气"

　　除了智能音箱，感应灯也会有类似的问题。看到产品介绍或者视频中的智能灯，人来灯亮、人走灯灭，心想这简直是懒人福音！结果自己家安装后，你发现人走过去灯不亮，等走完了灯再亮，想让它亮它不亮，夜深人静的时候突然自己亮了！

　　所以说业主"眼中的智能家居"和"实际的智能家居"存在很大的差异，需要设计师一开始就交代清楚，有些不切实际的需求该说明就说明，能浇灭就浇灭；有些业主不知道如何描述或者不清楚能否实现的功能都需要设计师明确的答复。毕竟这也体现了一个设计师的专业素养和能力水平。

智能音箱

设计师应对智能家居系统有充分的了解

　　从一定程度上来说，设计师就是装修过很多套房子的业主，踩过了很多主材的坑、设备的坑、设计的坑、落地的坑。设计师会结合自身经验来给业主提建议，比如：吊顶是全吊还是半吊？是否需要做干湿分离？吸油烟机采用分体的还是集成灶？空调是否选用中央空调？为什么设计师在瓷砖、石材、空调、卫浴等方面都能给予业主不少合理的建议，而在智能家居系统方面反而很难提供合理建议？

　　原因同样是因为全屋智能家居的现状——落地的客户相比装修的客户太少，设计师能获得的经验有限，无法给予合理的建议。有些设计师可能会说：不是有专门的智能集成商提供全套方案吗？设计师还需要了解智能家居系统吗？我认为设计师非常有必要了解新型无线全屋智能家居系统，原因如下：

　　第一，大部分智能家居集成商采用的是传统有线智能产品，它们造价高、配置复杂，往往只有少数人才用得起，而大部分设计师面对的客户群体都是普通人，会因预算有限无法承受。在业主预算有限但又想要体验智能家居的时候，你能不能实现，如何实现？

第二，个别城市的建材代理商不够专业，一些中央空调、新风系统、地暖等产品的销售人员可能没有设计师懂得多。优秀的设计师一定是对各类产品、材料、做法工艺都有一定了解的。难道你想成为一个靠销售套路和优惠策略签单，而不是凭借专业能力和优质服务来签单的设计师？

第三，大平层或者别墅项目有专门的机电、设备厂家进行相关图纸的深化，智能家居供应商会提供详细图纸、现场放样、后期施工调试等服务。那为什么设计师还要学？没错，市面上确实有提供全屋智能系统的服务商，能帮助落地，但是他们仅仅涉及智能家居中的基础板块，一些小家电会让业主自购，我们举一个扫地机器人的例子。

家有宠物，小心扫地机器人成为玩具！

扫地机器人相信很多设计师都不陌生，设计师心想我去一些常用的购物平台看看别人的测评、做做功课、找个攻略，给业主推荐合适靠谱的扫地机器人不算难事。但是业主想要的不是一个扫地机器人，而是一个买回家好用、能用的扫地机器人。

选择扫地机器人甚至会影响硬装设计、软装选型。作为设计师选择扫地机器人时不仅要看其是否有激光导航、是否洗拖一体，还要关注其他的参数，更要清楚为了满足有智能家居需求的业主，在设计方面需要注意什么问题。如：

（1）针对扫地机器人的尺寸、充电器尺寸，以及是否有自动倒垃圾功能等因素，在设计阶段就需要考虑预留空间和电源插座等。涉及全屋定制柜的话，可能需要考虑预留足够的空间收纳扫地机器人，同时预留充电需要的插座。

（2）如果客厅阳台封窗、地面通铺的话对于扫地机器人来说没有障碍。假如业主要保留独立阳台，则需要考虑扫地机器人在推拉门处的通过性，可以选用谷仓门形式或开槽嵌入安装的方式。平时推拉门是否常开也会影响阳台区域是否需要独立配备扫地机器人。

（3）虽然现在的扫地机器人体积越来越小巧，但还是有厚度的，相应地，选择沙发、椅子、床时，要考虑其通过性。

设计时需提前考虑扫地机器人的电源位置

（4）卫生间地面往往比公共区域低一些，扫地机器人会不会一去不回（爬不出来）？

（5）复式住宅、别墅等带有楼梯的户型，扫地机器人会不会掉下来，它的防跌落功能是依靠视觉识别还是传感器？是否需要额外购买虚拟墙？如果需要购买，还要考虑实际落地中美观、收口等问题。

选用家具时要考虑扫地机器人的通过性

这些可不是智能家居系统服务商会告诉设计师的。更何况设计师懂得的智能家居系统知识越多，越有利于判断智能家居系统服务商提供的方案是否合理、能否满足业主需求。

有楼梯的户型需要选用带防跌落功能的扫地机器人

智能电脑房实景（图片来源：如影智能）

智能电竞房实景（图片来源：如影智能）

　　部分业主或许有独立电脑房或电竞房的需求，他们往往比较年轻，喜欢数码产品，追求新奇的事物。这类客户基本上都有做全屋智能的想法，如果设计师在这方面多些了解的话，和业主会有更多的沟通话题，也有助于全屋智能的谈单和签单。

　　未来已来，让我们拥抱潮流，开始学习智能家居系统设计和落地知识吧！

第 2 章

设计师要掌握的
智能家居知识

智能家居底层模型

看完了第 1 章的介绍，设计师们恐怕迫不及待要学习全屋智能家居的规划设计和系统配置了。工欲善其事，必先利其器。

智能家居的"骨肉皮"模型

学习智能家居如果不先学习底层理论，只追求效果和搭配，等新产品一上市或产品升级后就容易不知所措。因此，让我们先来看看智能家居是否有类似施工节点的底层逻辑——"骨肉皮"思维模型。

好比在室内施工工艺的干挂木饰面节点里，龙骨就是"骨"，打底的基层板就是"肉"，最外面贴的木饰面就是"皮"。同样，无线智能家居网络系统也有类似的分层结构，可以分为网关层、控制器层和传感器层。传感器层就好比"皮肤"能感受外界环境温湿度等，控制器层就好比"肌肉"起到发力——控制设备的作用，网关层就好比"骨骼"起到一个支撑整体系统架构的作用。

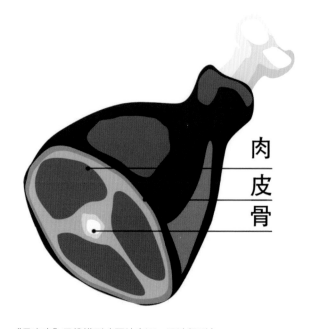

"骨肉皮"思维模型（图片来源：设计得到）

可以说，这个思维模型是学习室内装饰最常用的方法之一。只有掌握了不变的规律，才能更好地记忆与应用。通过这个思维模型，你可以更直观、更高效地去记忆、分析，并应用它们。同理，通过学习无线智能家居系统的产品架构，在后面的章节中我们将会更快速记忆、分析和学习智能家居，并在以后的设计中灵活运用。

接下来我们通过一张图，看一下无线智能家居的产品网络架构：

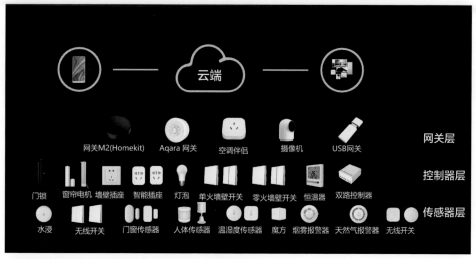

无线智能家居的产品网络架构图（图片来源：绿米联创）

从上图可以看出无线智能家居系统的产品网络架构可以大致分为 3 层，从上到下分别是：网关层、控制器层和传感器层。

网关层的产品和功能

在计算机领域，网关又称网间连接器、协议转换器。网关可以在网络中实现网络互连，担当转化重任，类似翻译器。例如在家里，你从客厅走进卧室是不是会经过一扇门？同样从一个网络向另外一个网络发送信息也必须经过一道"关口"，这道关口就是网关。

假设你是个小学生，你想和姑姑家的小明和小红玩，你到姑姑家敲门后问："姑姑，周六我可以约小明、小红去游乐园玩吗？"姑姑回答："可以啊。"然后她就让你进门和小明、小红说周六去游乐园玩的事情。如果有其他人想找小明、小红，敲门后你姑姑可能直接拒绝说，他们不在家或者要做作业。你姑姑在家里就充当了"网关"，起到传话甚至直接拒绝某些连接的作用。

　　回到无线智能家居系统中，网关的作用就像是一个智能家庭的中心（中枢），让内部的智能家居系统可以和外界的互联网进行连接。网关一般是通过网线或者无线（Wi-Fi）连接，与互联网互联互通，智能设备之间一般是通过蓝牙或者紫蜂物联网（Zigbee）进行连接。不同的连接方式响应的时间、速率、耗电等都不相同，具体参见下表：

网关产品对比表

项目	无线（Wi-Fi）网络	蓝牙网状（Mesh）网络	紫蜂物联网（Zigbee）
耗电量（续航）	大（几天）	小（几个月）	很小（几年）
传输速率	大（100 Mbit/s）	小（1~2 Mbit/s）	很小（20~200 kbit/s）
连接设备数	少	多	很多
频段	2.4 GHz	2.4 GHz	2.4 GHz
安全性	低	高	中等
成本	高	低	低
通信距离	几十米	十几米	十几米

　　通过上表可以看出，Wi-Fi 连接方式耗电量很大，很多智能设备并没有接通电源，无法采用 Wi-Fi 来联网，所以必须通过网关进行"翻译和传话"，把蓝牙或 Zigbee 协议传输的内容通过网关传到互联网。反过来亦然，用户通过手机远程查看家里的温度，也是通过网关进行"翻译和传话"，先把室内温度告诉手机 APP，再呈现给用户。

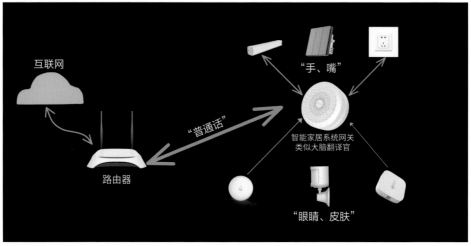

网关原理示意图

基于"翻译"这个角度而言,我们选择网关的话,它懂得的"外语"越多越好。例如 A 网关只能通过网线连接路由器才能接入互联网,对于智能家居协议只支持有线的"RS-485"协议;B 网关不仅可以通过网线接入互联网,也支持 Wi-Fi,它不仅支持"RS-485"协议,也可以连接"KNX"协议(一种有线协议),还支持蓝牙、Zigbee 等无线连接协议。从"翻译"这个角度来说,一个网关懂得的"外语"越多肯定越全能,尤其是现在市面上的智能设备协议没有统一的情况下。想要将尽可能多的设备统一接入管理,只支持一种协议的网关是不够的。

控制器层的产品和功能

控制器,顾名思义,是指能控制某种电器或者设备的装置,比如控制电路、水路、电机等通断的装置。控制器好比是人的手,我们日常生活中需要操控一些设备或电器,如开关灯、开关空调、开关电视机、开关窗帘等。没有智能家居的时候,只能通过我们的双手双脚实现,有智能家居之后,可以通过远程控制让灯光自动开关,让窗帘自动开启闭合,让电视机自动开关机。控制器解放了人的双手双脚!常用的无线智能家居控制器包括开关控制器、智能插座等。

开关控制器

开关控制器产品使用场景(图片来源:绿米联创)

智能开关，可以远程控制灯光，再也不会有下楼后想起家中没有关灯还要再坐电梯上楼关灯的情况了。

智能插座，家里没人的话也可以远程操作，不用担心忘记关热水器或者电磁炉了。

智能插座的主要功能包括：

（1）定时开启、关闭电源。

（2）远程遥控开启、关闭电源。

（3）联动其他设备开启、关闭电源。

（4）统计电量。

（5）保护充电设备。

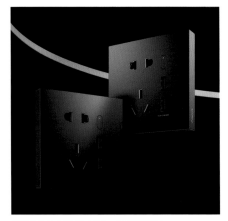

智能插座（图片来源：绿米联创）

电动窗帘电机，除了可以远程控制窗帘外，还可以定时控制，甚至根据日出、日落时间，自动开启或关闭窗帘。

电动窗帘电机加上轨道，可以不用下床走动开关窗帘了。

以上是几个常见的控制器，更多的产品会在后续章节中详细介绍。

电动窗帘电机

传感器层的产品和功能

智能家居可以帮助我们更好、更舒适地生活，与智能家居相关的传感器设备对应的是人的感官。当想看电影的时候，如果发现户外阳光太强烈刺眼，我们会拉起窗帘。智能家居中光线传感器对应的是人的眼睛，可以获取环境光线情况。当我们觉得屋里太热的时候，会去开风扇或者开空调降温，温湿度传感器就类似人的皮肤，能感应环境的温湿度。

接下来展示一些常用的传感器。

温湿度传感器，时刻监控温度变化情况并可以和空调等设备联动。

温湿度传感器，也有带液晶屏的款式，可以直接贴到墙壁上，方便随时查看。

智能联动，改善室内温湿度

智能联动，改善室内温湿度　温湿度的精确监测只是一个开始。在家中温度偏离舒适度时，可通过空调伴侣自动调节室内温度；搭配智能插座等联动加湿器或其他电器，改善家中湿度，保持健康舒适的生活环境。

温湿度传感器产品图和联动示意图（图片来源：绿米联创）

水浸传感器，时刻监控是否有漏水、水管爆裂、忘关水龙头等情况并及时止损。

水浸传感器一般放置在厨房和卫生间可能漏水的地方，需要注意水平放置。

人体传感器可以在空间中感知人体或动物，适合放置在通道位置，因为大部分人体传感器触发产生作用的条件是人体动作幅度足够大。

以上是常见的一些传感器介绍，还有很多新奇的传感器，如魔方传感器、震动传感器、压力传感器、光照传感器等。

水浸传感器（图片来源：绿米联创）

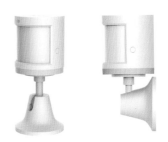

人体传感器（图片来源：绿米联创）

了解完无线智能家居系统的产品分类和
功能后，我们来看看如何将这些单个的设备
串起来并实现一系列功能的。

条件命令

我们以室内温度高需要开空调为例，人们通常是因为感觉到太热所以才开空调的。
也可以理解为，如果室内温度太高则人们会打开空调来降温。懂得编程的设计师都知
道编程语言中有个条件（if）语句，if 语句是指编程语言中用来判定是否满足所给定的
条件，根据判定的结果决定执行对应操作。天气热开空调在智能家居系统中翻译成条
件语句的话就是：如果温湿度传感器检测到室内温度过高（比如高于 30 ℃），那么就
执行打开空调操作（默认空调自动运行模式设置为制冷 26 ℃）。当然这里只是举例，
显然温度高就开空调是不够聪明的条件设置，还需要判断房间里是否有人，需要同时
满足多个条件。这里可以用"AND"逻辑进行判断，多个条件同时满足才执行对应的
操作。后续在实操设置阶段会详细讲解，本节举例不考虑多个条件。

条件执行路径

由上文可知，可以通过设定条件命令来实现自动开空调，那么具体条件命令是如
何执行的呢？

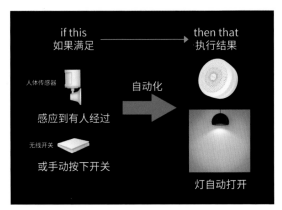

自动化逻辑原理

从左页图的自动化逻辑原理可以看出，人体传感器感应到人经过或者有人手动按下无线开关，网关收到相应的指令后会判断是否存在符合条件需要执行的命令，如果存在则网关开始执行相应的操作。比如设定了有人经过就自动开灯的命令，当人体传感器发送有人经过的信号到网关时，网关就会执行开灯动作。

智能产品工作执行路径分为两种，第一种是本地化执行，第二种是网络化执行。

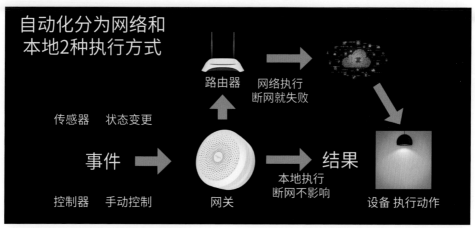

网络自动化和本地自动化实现路径区别

本地执行在离线不联网的情况下也能执行。前提条件是相关的传感器、控制器等都连接同一个网关，并且条件命令中的条件没有需要联网才能获取的信息（如本地日出、日落时间、家人手机定位信息等），对应执行的命令也没有需要联网才能执行的操作（如给手机推送信息、远程关闭其他地区设备等）。本地执行的优势在于速度快、不受网络影响，哪怕宽带欠费了也能执行。

网络执行只有在有网络的情况下才能顺利执行，比如通过手机远程查看家里摄像头拍摄的画面，那么摄像头必须要联网，否则无法发送图像信息到手机上，手机也必须在能上网的状态才能接收图像信息。网络执行的优势在于可以控制多个设备（哪怕间隔千里远），而且多个设备不需要通过网关连接网络，而是直接通过 Wi-Fi 连接（如扫地机器人、风扇等）。这些设备的控制必须有网络才可以，条件命令里面涉及这些设备的话，不论是在条件设置还是在执行命令中都需要网络顺畅，一旦断网，命令就失效。

网络摄像机监控图（图片来源：绿米联创）

智能系统和电器联动原理

全屋智能的实现除了这些控制器、传感器，还需要接入家电。家中电器如何实现智能呢？一般来说有 3 种办法。

（1）电器本身自带智能功能，可以接入平台。比如小米电视机就可以接入米家系统，华为电视机就可以接入华为的智能家居系统，有些厂家的电器包装盒会标注可以接入的相应平台。

智能网络摄像头（图片来源：绿米联创）

　　（2）通过智能设备间接实现智能，比如传统的电蚊香液、豆浆机、面包机、咖啡机等。有些带有开关按键，有些不带开关功能，插上电就自动运行。如果把家中常用的普通插座替换成智能插座，让普通的电器变成可以定时开启、关闭的智能电器，那么不仅省钱还更安全。

晚上提前将面包机 豆浆机
接入智能墙壁插座 开关定时
第二天早上
自动准备早餐 生活更方便

智能墙壁
插座H1　　面包机　　豆浆机

智能插座改造传统电器（图片来源：绿米联创）

　　（3）通过改造或另类使用实现智能。比如，有些动手能力强的人可以自主改造一些传感器从而实现智能。也有人把传感器另做他用，不走寻常路地来实现智能，比如通过温湿度传感器来检测淋浴房是否有人洗澡，自动开启浴霸和换气功能，让没有智能功能的浴霸变成能自动开启的智能浴霸。将检测是否漏水的传感器——水浸传感器，贴在浴缸内侧的上沿，这样浴缸放水

水浸传感器用在浴缸作为溢水提醒

快满的时候传感器就会报警，变相提醒浴缸放水满了。你是否突然发现原来还可以这样玩，好比设计师把木地板贴墙上甚至贴房顶上，谁说木地板只能用在地面上，智能设备在很多时候也可以"另辟蹊径"。

通过上一节我们了解到全屋智能自动化的
实现原理，那么接下来就通过几个常见场景的
案例，看看自动化的组合可以实现哪些功能。

什么是场景？

现阶段智能家居还无法用意念感知，自动实现走到哪、想干什么它都会知道。目前状态还是需要有个动作，比如按下物理按键，通过手机 APP 或语音命令等来执行操作，把一些有关联的命令设置在一起，形成一个场景。以离家场景为例，在门口放一个无线按钮，长按执行离家场景，自动关闭空调、灯、电视机等，同时开启家中摄像头进行监控。由此可以看出智能家居场景可以极大地便利人们的日常生活，原本需要每个地方逐一检查是否关灯、关空调，现在一键自动搞定，对于住复式住宅和别墅的朋友来说尤为实用。

旋钮场景面板（图片来源：如影智能）

常见的场景

回家场景

回家场景就是当家庭成员回到家以后，智能家居系统会自动执行哪些命令。比较常见的包括自动开启入户玄关灯、打开客厅窗帘、背景音乐缓缓响起等。针对家里有学生自己放学回家的情况，还可以更进一步地设置智能化命令，如回家后电视机断网、娱乐设备的插座断电并开启客厅摄像头等。

如果配合智能门锁还可以精确到男、女主人回家后的不同场景，如针对一回家就喜欢在客厅沙发看电视的女主人，可以设置女主人回家后自动打开电视机的命令。

自带回家场景模式的智能门锁（图片来源：绿米联创）

智能客厅实景（图片来源：绿米联创）

离家场景

离家场景也可叫作出门场景或上班场景，在家庭成员出门时自动关闭灯和电器设备，这样不仅节能环保还更安全。针对特殊的情况还可以设置不同的离家场景，比如在单独居住的房屋内，设置出门后窗帘定期开启或关闭，形成有人在家的假象。

自带离家场景功能的智能门锁（图片来源：绿米联创）

智能客厅实景（图片来源：绿米联创）

观影场景

现在电视机的屏幕越来越大，受外界光线影响的概率也逐渐增大，还有好多家庭采用投影仪或激光电视机观看电视节目，更容易受光线影响，所以在看电视的时候会关掉客厅主灯，仅打开一些氛围灯，同时拉上客厅阳台窗帘避免阳光照射到屏幕上。如果手动地打开电视机、调整灯光再走到阳台拉窗帘的话会很麻烦，有了智能家居之后只要轻轻一按，就能自动完成这一系列的操作，这就是观影场景。

观影模式实景（图片来源：绿米联创）

未来场景的发展趋势

理想中的智能家居不应该是一个个孤立的场景，而是智能家居系统自动运行，从而大幅度提升居住舒适度。这好比有些网络平台，随着你使用次数的增多，平台推荐的内容也会越来越符合你的胃口。同样的，智能家居平台的云端应该有深度计算和学习能力，可以自动把同类型的家庭进行归类分析。如果发现大部分家庭都设置了长时间没人关闭空调的这个智能化场景，那么一个刚装好智能家居系统的家庭就会收到提醒是否自动添加这个常用的场景？还有是否通过分析作息时间，进而分析家庭成员的习惯，并自动对智能化场景进行千人千面的微调？

例如米家的 APP 上，会根据客户家里已有的设备，自动推荐一些场景，点击即可一键开启。

米家 APP 场景推荐功能

华为智能家居 APP 上面可以自动推荐一些已经设计好的场景案例，如果用户家里刚好有对应的设备就可以一键添加。未来的智能家居场景设计将不再是系统集成商的专属技能，普通用户可以直接采用设计师上传或者官方推荐的场景一键添加到自己家！

这好比新能源汽车对传统汽车的冲击，不仅仅是所用能源不同，而是汽车自带智能基因能通过空中下载技术（OTA）升级。早期的智能家居系统，施工调试完，业主入住后几乎没有任何变化，想要更改配置需要现场用数据线连接电脑主机进行修改，一点儿都不智能。未来的无线智能家居系统在 5G、大数据、云计算、AI 的助力下会越来越智能，越来越懂你，和手机一样能定期升级更新。

华为智能家居 APP 场景案例

全屋智能产品 AI 功能（图片来源：绿米联创）

第 3 章

智能家居场景
设计案例

　　看完了无线智能家居的底层逻辑，下面来到设计师最感兴趣的案例解析章节。本章按一个人从刚毕业到成家立业再到老了退休等一系列成长轨迹，解析不同时期如何对居家生活进行智能设计。

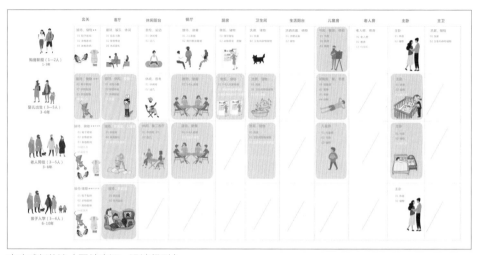

家庭成长轨迹（图片来源：设计得到）

第一节　单身贵族的智能家居设计

建筑面积：小于 60 m²

居住人员：一人

房屋类型：单身公寓、单间

使用电器：电视机、壁挂空调、冰箱、厨房小家电等

单身贵族的智能家居场景

刚毕业的年轻人往往以租房为主，所以本案例主要针对租房的情况，解析独居人群的智能化设计要点和实现方式。

租房改造智能家居特点解析

●**可移植性** 考虑到后期可能搬家的情况，要求智能产品可以无损地换到下一套房屋使用。

●**安装方便** 房东不一定愿意让租户在自己的房子里"大动干戈"，改动过大可能导致无法退押金。

●**安全性** 不管是合租房还是公寓，如果是普通钥匙门锁的话，无法确保其他人没有备用钥匙。

●**成本低** 不仅要考虑添加智能产品不能花费过多，还要注意改造后的房屋应更节能。

回顾上一章，智能家居系统的底层逻辑：通常来说，住宅智能设计的第一步是网络设置，现阶段出租房中设有 Wi-Fi 可以说是标配了，因此可以跳过无线网络的改造部分直接进入智能设计。

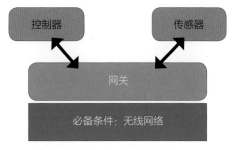

搭建智能家居系统底层逻辑图

智能家居设计具体步骤

我们按照网关—传感器—控制器的顺序一步步实现单间的智能化改造。

第1步：选网关

通过上一章的介绍，我们知道无线智能家居系统需要网关来连接各种设备、传感器。

因为本案例中有多个限制条件比如成本、安装难易程度等，所以有线网关不适合租房类案例。同时考虑到租房的面积普遍不大，要改造的智能设备不多等特点，建议考虑空调伴侣型网关，不仅实用，便于安装，还可以节省一个购买网关的费用。

空调伴侣使用说明

产品名称	空调伴侣
产品类型	网关 + 控制器
安装条件	16 A 插座供电 +2.4 GHz 无线覆盖
主要功能	智慧家庭网关功能、空调远程控制、大功率智能插座（远程控制或定时通断电）、电量统计、红外家电控制（不限于空调）、动态调节空调温度等
本地联动	同一个网关下的传感器、控制器等可断网，采用本地联动

空调伴侣

从上表可以看出小小一个空调伴侣功能很丰富，不仅可以作为智慧家庭的控制中心，还能监控空调状态，在不使用时及时断电节能。

远程控制不仅仅提高了居家的舒适性，还可以在忘记关闭空调时远程关闭空调。要知道白天上班忘记关空调，这一天下来浪费的电费可不少。说不定，一年下来节省的电费都可以买两个空调伴侣了。

空调伴侣的安装方式也极其简单，仅需 3 步即可：

（1）把空调伴侣插入墙壁插座，再把空调插头插入空调伴侣。

（2）打开对应 APP，添加空调伴侣，在该过程中需要用到无线 Wi-Fi 的密码。

（3）按照 APP 提示，一步步设置空调伴侣即可体验改造后的"智能空调"。

第 2 步：增加传感器

添加完网关后，就可以给智能系统增加控制器和传感器了。接下来我们解决租房的安全问题。

更换门锁或锁芯的方式在很多情况下并不可行，不仅无法自己动手解决，而且成本过高，况且有些公寓是密码锁，无法更换。考虑到是租房，因而房屋内放置贵重物品的概率较低，考虑安全问题更多的是独自居住的人群，所以要防止一些不怀好意的人进去。

本案例中，结合空调伴侣，联动智能摄像头实现安防功能。

考虑到用户的隐私，可以设置解除警戒模式后智能摄像头自动关闭录像的功能，回家后手动解除警戒模式，也有一些智能摄像头可提供物理遮盖的功能。如果还不放心的话，可以回家后手动把智能摄像头的盖子盖起来。

我们可以在门上安装门窗传感器，用来监控门开启、关闭的状态，上班后设定开门提醒即可第一时间知道自己房间门被打开。同时增加一个摄像头对准入户门位置，可以在收到通知后第一时间查看是谁闯入房间。

门窗传感器

门窗传感器使用说明

产品名称	门窗传感器
产品类型	传感器
安装条件	纽扣电池供电、粘贴安装（金属会影响感应距离）
主要功能	实时感知门和窗的开关状态，配合网关和其他智能设备联动，实现开门报警、开门开灯、开门开窗帘、忘关门窗提醒等功能
本地联动	同一个网关下的传感器、控制器等可断网，采用本地联动

　　总有些人会出门后忘记关门，门窗传感器还可以设置 1 分钟未关门及时提醒，以免出现上班后大门敞开的情况。

　　安装方式也极其简单，用自带的双面胶粘贴在门上即可。后期搬家时撕下来，可重复使用。

　　如果有养宠物的话，摄像头更需要购买智能款的，便于监控宠物状态。

智能摄像头看管宠物的实景（图片来源：绿米联创）

第 3 步：增加控制器

解决了安全问题，接下来就是营造更舒适的空间。现在上班族的生活节奏越来越快，一个人租房生活是否可以通过一些电器更智能地节约早晨起床后的宝贵时间？

这种场景可以通过使用智能插座来实现。智能插座是一个可以让普通电器变为定时开启、关闭的智能电器。

如右图所示，一个非常小巧精致的智能插座就能给生活提供便利，符合本案改造的可移植性和省钱的要求。

智能插座改造传统电器

智能插座使用说明

产品名称	智能插座
产品类型	控制器
安装条件	10 A 插座供电 +2.4 GHz 无线覆盖
主要功能	可远程控制通断电、设备定时通断电、电量统计，结合网关等其他智能设备还可实现如自动开关电器、条件满足后开关电器等功能
本地联动	同一个网关下的传感器、控制器等可断网，采用本地联动

通过智能插座结合早餐面包机或者蒸蛋器，即可实现定时做早餐的功能。起床后第一时间吃上早餐，每天多睡 10 分钟。

基于本案例，设计师朋友们能否想想现有设备（空调伴侣、门窗传感器、智能摄像头、智能插座）还能做什么？

假设一个场景：在离家模式中，把普通台灯的开关打开然后插入智能插座，把智能插座设置为断电模式，再设置回家打开大门后，智能插座切换通电模式，台灯被点亮，这样即可实现回家自动亮灯的功能。

智能插座实景（图片来源：绿米联创）

由此看出，通过有限的智能设备可以搭配出非常多的玩法，也更说明了设计师只有深入学习无线智能家居知识，才能更好地解决日后居家生活中遇到的实际问题。

智能产品、电器应用

本案例中涉及的设备：

空调伴侣、门窗传感器、智能摄像头、智能插座。

可实现的功能：

空调远程控制功能、空调节能改造、租房安全性改造、宠物监控、忘记关门提醒、回家自动开灯、早餐机定时开启、电器远程控制断电功能等。

总花费（自营店售价因查询时间不同可能会有差异）：

空调伴侣：89 元

门窗传感器：62 元

智能摄像头：399 元

智能插座：59 元

合计：609 元（仅算硬件成本不含服务费）

　　仅花费 600 多元，就可以让租房生活更安全、更便利、更节能、更智能。随着智能设备的普及，更多低价、多功能的产品会应运而生。未来家装智能化设计是标配，设计师需要跟上潮流，提前掌握智能设计。

第2节 甜蜜两口之家的智能家居设计

建筑面积：约 80 m² 的小两居

居住人员：夫妻两人

背景介绍：夫妻两人都是"90 后"，喜欢新奇的事物，易于接纳新事物。两人买了新房准备装修，都是上班族，不喜欢做家务，三五年内不考虑要小孩。

两口之家的智能家居场景

本案中设计师除了常规方面的考量，还额外增加了智能化的设计。通过交谈沟通得知：两位业主属于比较喜欢宅在家里并且不愿意做家务型，喜欢刷抖音，浏览微博、小红书之类。业主明确想要电动窗帘，觉得缓缓打开窗帘，等待窗外景色映入眼前的过程非常美。此外，希望家里的灯光能智能控制，更炫酷一些。

智能家居设计的需求提炼

- **解放双手** 能不走动就不走动，能不动手就不动手。
- **智能窗帘** 电动窗帘仅仅是电动而已，想要更炫酷的话需要智能窗帘。
- **智能灯光** 要懒就懒得彻底，让动手次数更少一些。
- **多样性** 控制灯光和窗帘除了手动、遥控还有自动化及语音控制。

通过需求分析，我们可以马上想到需要配置的智能产品包括智能窗帘、智能开关、智能音箱等。接下来围绕这几个产品展开，探讨如何配置智能场景和扩展智能功能。

智能化场景的实现

80 m² 以内的房子，对于网络要求不高，可以直接在客厅电视机柜放置一台质量较好的无线路由器，基本可覆盖除卫生间角落以外的区域。对于喜欢在卧室打游戏的业主来说，推荐采用无线控制器加无线访问接入口（AC+AP）方式解决网络延迟问题。

本案例不像上一个租房案例，限制条件较多，新居装修时，很多线路和插座都是可以提前预留的。本案例智能家居系统需要一个普通的无线多功能网关。

多功能网关使用说明

多功能网关

产品名称	多功能网关
产品类型	无线网关
安装条件	10 A 插座供电 +2.4 GHz 无线覆盖
主要功能	智慧家庭控制中心，接入无线网络，接入无线 Wi-Fi，连接传感器、控制器等智能设备，支持多种通信协议如 ZigBee、蓝牙、Wi-Fi、有线网络等
本地联动	同一个网关下的传感器、控制器等可断网，采用本地联动

选定网关后，我们看下智能窗帘能实现哪些智能化场景。

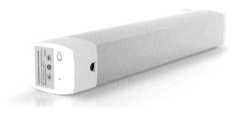

智能窗帘电机

智能窗帘电机使用说明

产品名称	智能窗帘电机
产品类型	控制器
安装条件	专用的轨道 + 电源 + 网关信号覆盖
主要功能	远程操控窗帘、定时设置、一键开合、语音控制（需搭配智能音箱）、自定义点位、停电手拉、智能联动
本地联动	同一个网关下的传感器、控制器等可断网，采用本地联动

细心的你是否发现，前文中业主的需求是用电动窗帘，而后面都是在讲智能窗帘，这两者有何区别？

先说下电动窗帘，电动窗帘比传统手拉窗帘肯定是方便很多。

第一，想拉窗帘时不用跑到窗户边，按下遥控器或者面板即可，尤其是靠窗台做榻榻米的房间不用再爬上爬下拉窗帘了。

第二，如果窗户很大，比如大客厅窗户有四五米，手动窗帘需要从头拉到尾，如果窗帘对开的话，一个人还要分两次才能完全拉开或关闭。

智能窗帘相比电动窗帘多了几个功能：

（1）定时设置：早晚自动拉窗帘或者根据当地日出日落时间拉开或关闭窗帘。

（2）语音控制：通过智能音箱或者手机语音助理，不动手只动口即可拉开或关闭窗帘。

（3）远程控制：手机就是遥控器，可以不用起身去按面板，甚至可以在门外控制。

（4）开合比例灵活：通过手机 APP 可以随心滑动，控制打开窗帘比例。

用 APP 控制窗帘位置（图片来源：绿米联创）

智能窗帘的需求满足了。接下来进入智能灯光控制环节，对于智能灯光控制，不同业主、不同设计师对其理解不一样，有些人可能觉得灯会自动开就是智能，还有些人觉得一组灯可以一键开关就是智能，也有些人觉得灯可以根据环境自动改变才是智能。我认为智能灯光控制系统起码要满足 3 个基础功能：

（1）可以远程控制，包括但不限于手机 APP、无线开关、语音控制。

（2）可以批量开关灯或者一键进入某个场景，比如按一下进入全亮模式，按一下关闭所有灯等。

　　（3）自动化执行开关灯命令，比如定时开关灯、感应有人开灯、无人在家自动关灯等。满足基本功能再加上局部的调光功能就锦上添花了。

　　要实现灯光控制的智能化可以从多方面切入，比如换成智能开关，也可以换成智能灯具，不同实现方式的优缺点详见下表。

智能开关、智能灯具和智能灯泡使用情况对比

实现方式	优点	缺点
智能开关	1.灯具选择不受限，同时也不影响设计风格。 2.成本低廉，一个卧室用一个三开面板即可实现全屋智能灯光。 3.调试维护简单	1.无法调光。 2.开关样式选择少
智能灯具	1.大部分都可调色温和亮度。 2.更换简单，前期没有预留线路也不影响，直接换灯即可。 3.不影响开关面板的选择	1.灯具的款式有限，大部分以吸顶灯为主。 2.难以和其他智能传感器联动
智能灯泡 （筒灯、射灯、灯带也算灯泡类）	1.不影响设计风格，还能调光。 2.针对每个灯泡进行控制，一组灯能实现多种效果。 3.不影响开关面板的选择	1.造价高昂，可能一组灯需要十几个智能灯泡。 2.故障率高，一组灯里面任何一个出问题都会影响整体效果。 3.后期维护麻烦，不仅需要更换灯泡，还需要在 APP 里重新添加设备和智能场景

　　综合多方面因素，首选方案是更换开关，尤其新款开关都是一体式液晶面板，方便搭配不同风格设计方案。色彩上有常规的黑、白、灰、金等颜色，易于和中央空调、新风系统等的面板融合。相对于开关，灯具的款式更容易影响整体设计效果。

　　接下来我们详细介绍一下智能开关。

新款智能开关产品图（图片来源：绿米联创）

智能开关使用说明

产品名称	智能开关
产品类型	控制器
安装条件	86 底盒预留零线
主要功能	灯具功率监测、灯具远程控制开关、定时开关、语音开关、感应开关等
本地联动	同一个网关下的传感器、控制器等可断网，采用本地联动

电动窗帘实现了，智能开关也有了，配合网关可实现手机远程控制、定时控制，如果要实现语音控制，想要只动口不动手的话，还需要一个智能音箱。智能音箱的选择一般与智能系统有关，例如全屋使用小米的智能家居系统就选择小爱音箱，全屋用华为的智能家居系统就用华为的智能音箱。智能音箱经过这几年的发展进步飞快，基本上买回来联网后就可以使用，无需再次配置，直接说出对应的命令即可。比如唤醒智能音箱后直接说打开窗帘、打开客厅射灯、关闭主卧所有灯、关闭空调等。

智能音箱产品图

智能音箱使用说明

产品名称	智能音箱
产品类型	智能电器
安装条件	有插座 +2.4 GHz 无线覆盖
主要功能	智能对话、播放音乐和新闻等、语音控制接入系统的智能电器、语音控制智能系统相关控制器、语音获取智能系统传感器信息、闹钟功能等
本地联动	极少型号可以离线语音控制，绝大部分离线后无法控制全屋智能设备或仅支持部分命令

智能音箱除了控制全屋智能设备、家电等，还有一些好用的功能：倒计时、闹钟、查询天气、早间新闻播报、提醒事项等。这些非常实用的功能，设计师可以在业主入住后演示给业主看。

通过第 1 节的案例我们了解了门窗传感器，搭配智能插座后可以实现回家开门后自动打开入户灯。接下来介绍人体传感器，通过它可以实现夜晚过道感应到有人走动时，自动开启卫生间灯或过道夜灯。

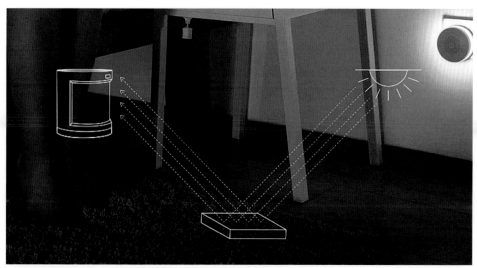

人体传感器联动夜灯，打造起夜场景（图片来源：绿米联创）

人体传感器使用说明

产品名称	人体传感器
产品类型	传感器
安装条件	电池供电、粘贴安装
主要功能	感应人体移动、感应环境光线（大部分有此功能）、感应人体动作（高精度人体传感器具备功能）
本地联动	同一个网关下的传感器、控制器等可断网，采用本地联动

让我们发散一下思维，如果人体传感器结合智能音箱，是否可以设置具体的某一天当有人进入卧室时播放提前设定的语音的功能呢？

有的朋友已经想到了可以在结婚纪念日设置一下，让爱人回家后收获一个小惊喜。

如果把人体传感器放在入户位置或者客厅阳台外围，入睡后检测到有人移动可以联动音箱做什么？

再逆向思维想一下，如果人体传感器长时间没有检测到人体移动，那么是不是可以判定这个区域无人，进而对智能开关和智能插座对应的灯具、电器进行断电操作，以便节能。

建议设计师们发散思维，想一想不同时空，同样的智能设备能搭配出哪些功能。本书的目的不以介绍各种控制器或传感器的功能为主，除了介绍常规的智能场景之外，更希望通过我们的发散思维带给设计师更多启发。

本案例中涉及的新设备：

智能开关、智能窗帘、智能音箱、多功能网关、人体传感器。

新设备可实现的功能（部分）：

远程控制窗帘、定时开启或关闭窗帘、联动控制窗帘、远程控制灯光、自动开关灯、定时开关灯、语音控制家电、语音播报文字或音乐或新闻、感应开启灯光、感应声光报警、一键开关全屋灯光等。

新增部分产品花费（自营店售价因查询时间不同可能会有差异）：

多功能网关：146 元

智能窗帘：799 元（含电机、3 m 轨道、遥控器、安装服务）

人体传感器：69 元（带环境光检测功能）

智能开关：149 元

智能音箱：199 元

当然智能空调控制和摄像头也是必不可少的，对于一个两室一厅一卫的户型，建议搭配的产品数量如下：

智能家居产品数量及费用明细表

产品名称	数量（个）	单价（元）	总价（元）	位置
多功能网关	1	146	146	客厅
智能开关	6	149	894	客厅 2 个、房间 2 个、卫生间 1 个、入户个
智能窗帘	2	799	1598	客厅 1 个、主卧 1 个、
空调伴侣	3	89	267	客厅 1 个、房间 2 个
门窗传感器	2	62	124	入户门 1 个、阳台门 1 个
人体传感器	2	69	138	入户 1 个、过道 1 个
智能音箱	2	199	398	客厅 1 个、主卧 1 个
智能摄像头	1	399	399	客厅
智能插座	5	59	295	厨房 3 个、客厅 1 个、主卧 1 个
无线开关	2	37	74	客厅 1 个、主卧 1 个

合计 4333 元（硬件成本不含服务费），以上就是两居室采用米家智能家居系统预估的费用。设计师也可以多在各大品牌官网或自营店浏览系列产品的价格区间，以便有业主想做智能家居系统时，可以快速预估报价。

如何给业主讲解智能家居设计？

最后分享一下设计师如何给业主讲解智能设计，相信很多设计师会有自己的思路和流程来讲解案例。一般的步骤是先分析原始户型的缺陷，再讲解自己将改造哪些地方，然后按照一定的动线一步一步讲解。当我们给业主讲解智能家居系统时，就可以按照从起床—出门—回家—入睡的顺序，并结合业主的生活习惯来讲解，这样的效果会比直接说"我给你家设计了电动窗帘，你以后按一下就可以自动拉窗帘"好一些。以下为示范对话：

"你们看，我给你们家设计了部分智能家居系统，这样等以后入住时，你们起床不会再被生硬的闹钟叫醒，而是窗帘自动缓缓拉开后被清晨第一缕阳光唤醒，起床洗漱后在餐厅吃早餐时，可以让智能音箱播报早间新闻和天气预报，提醒你们是否需要带伞或者添加衣服。要出门时可以通过智能音箱让智能家居系统自动关闭所有灯光和不需要供电的电器，同时家里警戒模式自动打开，如果有人闯入可以录音录像并推送到手机上，第一时间告知你们。当你上了一天班拖着疲惫的身体回到家中时，灯光会自动打开。夏季如果想一回到家就能享受到清凉，可以提前用手机打开空调。晚上要入睡时，可以通过卧室的智能音箱关闭灯、窗帘，非常方便，不用再下床。晚上起夜去卫生间也不用再摸黑开过道灯，智能系统检测到有人经过，会自动打开过道灯。在这个方案中，我不仅采用了动静分离的方式，设计了家务动线和访客动线，还全面结合了智能家居系统，不知道你们满意吗？"

卧室智能实景（图片来源：绿米联创）

房屋结构：约 110 m² 的三居室

居住人员：男女主人 +8 岁男孩 +6 月龄婴儿

背景介绍：男女主人独自到大城市打拼，为了更好地教育和陪伴孩子，女方选择做全职太太。随着国家生育政策的放开，他们生育了二孩，于是置换了一套三居室的住宅，并委托设计师进行设计。除了打造温馨的氛围和注重环保外，女主人希望更智能、更安全。因为男主人事业处于上升期经常加班，所以女主人经常独自带两娃。

四口之家的智能家居场景

　　设计师经常会遇到业主需求比较宽泛不够明确的情况，这时候需要我们换位思考，带入生活中的方方面面。设计师为业主考虑得越周到合理，也就越容易得到业主认可。

智能家居设计的需求提炼

- **安全性**　独自带娃要考虑化解各种内外部的风险及状况。
- **便利性**　做饭做家务时方便知晓孩子的情况。
- **辅助性**　智能家居在居家生活等方面可以协助主人。
- **舒适性**　婴幼儿对环境比成年人更敏感，需要更舒适的家。

　　对于本案来说，网络覆盖首选 AC+AP，设计师需要注意在以下几处预留网线：入户区域吊顶、客餐厅吊顶、电视机背景墙、每个房间和生活阳台。

智能化场景的实现

超过 100 m² 的房子，建议选择多个网关。不同品牌的网关能挂接的子设备数量不同，大部分能支持 32 个有些甚至超过 120 个，所以本案中可以配置两个网关，一个放在客厅电视机柜区域，一个放在主卧，传感器和控制器就近入网。

接下来是全职太太一天的生活轨迹，看看通过智能系统或智能设备到底能给生活带来哪些安全、便利和舒适的生活方式：早上，在小区买菜或者等送菜、送牛奶的人上门，准备全家的早餐，老公和孩子上班上学后开始收拾家里卫生和照顾小儿子，然后做午饭，午饭后午休，下午接大儿子放学，准备晚餐并收拾家务洗衣，给小孩洗澡，准备小孩第二天用的物品，最后上床休息，晚上还要起夜照顾婴儿。可以看出全职太太的一天是非常辛苦的，作为设计师如果能在家装设计中植入智能设备，减轻业主的负担，提供更便利和更舒适的生活一定会给方案加分。

全屋智能平面点位图（图片来源：绿米联创）

结合平面点位图，我们考虑一下每个区域适合采用什么智能产品。

入户大门处推荐采用智能指纹锁，结合业主的生活习惯并考虑安全性问题，推荐采用推拉式的门锁，同时带有摄像头和变声对话功能。

推拉式的门锁主要考虑外出买菜等携带物品较多时，可以通过手机靠近或触碰指纹后直接推入，传统的指纹锁还需要腾出手来按压门把手。

　　带有摄像头和对话功能的智能门锁是考虑到有时候女主人独自在家，若能先查看外界情况后再开门，安全系数会高一些，或者通过手机 APP 和外界对话。

智能门锁使用说明

产品名称	智能门锁
产品类型	控制器
安装条件	网关信号覆盖 +2.4 GHz 无线覆盖，电池供电
主要功能	通过指纹、密码、临时密码、蓝牙、钥匙等方式开锁，摄像头 + 门铃功能，可视对话（支持变声）功能，安全类设计（C 级锁芯、防猫眼小黑盒、防尾随、虚位密码等）
本地联动	同一个网关下的传感器、控制器等可断网，采用本地联动

智能家居手机 APP 示意图

　　在生活阳台区域，现在用电动晾衣架的越来越多。建议选用可以和智能系统接入的智能晾衣架，它除了可以电动升降以外，还能实现语音控制。生活中我们把衣服放进洗衣机后就会继续忙其他的事情，不会干等着洗好，等洗衣机发出提醒声音时再过去晾衣服。有了智能晾衣架就可以在走过去的路上和智能音箱对话，让它把晾衣架降下来，方便过会儿晾衣服。等挂好衣服，不用再按升高晾衣架按钮，而是从容走回客厅，对着智能音箱说"晾衣架升高"即可。

语音控制智能晾衣架

　　厨房区域，除了前文介绍的方便业主定时开启蒸蛋器、面包机的智能插座，还推荐业主安装一些安全方面的传感器，主要是天然气报警器、烟雾报警器、水浸传感器。

　　家里有婴幼儿的业主，会担心在做饭或者煲汤的时候，小孩子哭闹，需要过去安抚小孩，但忘记关火或者关水龙头，存在着火、漏水、天然气泄漏等隐患。通过安装这些传感器可以在发生对应事故时，第一时间发出联动，家里智能音箱一起发声提醒同时推送到手机。

天然气报警器使用说明

产品名称	天然气报警器
产品类型	传感器
安装条件	网关信号覆盖，插座供电，吸顶安装
主要功能	天然气泄漏报警，保障用气安全
本地联动	同一个网关下的传感器、控制器等可断网，采用本地联动

天然气报警器产品图

烟雾报警器使用说明

产品名称	烟雾报警器
产品类型	传感器
安装条件	网关信号覆盖，电池供电，吸顶安装
主要功能	火灾烟雾报警
本地联动	同一个网关下的传感器、控制器等可断网，采用本地联动

烟雾报警器产品图

水浸传感器使用说明

产品名称	水浸传感器
产品类型	传感器
安装条件	网关信号覆盖，电池供电
主要功能	检测浸水漏水
本地联动	同一个网关下的传感器、控制器等可断网，采用本地联动

水浸传感器产品图

　　设计师需要注意传感器的安装位置，不同品牌产品对距离燃气灶尺寸有不同的要求，还要考虑是否需要提供插座电源并在水电图纸上标注清楚电源位置。

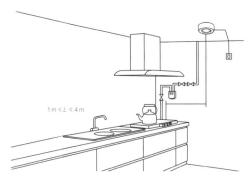

天然气报警器安装示意图（图片来源：绿米联创）

完成从入户到厨房区域的安全智能规划之后，接下来看一下宝妈最关心的儿童房智能化设计，此处首先要考虑增加的智能产品是智能摄像头。

通过在儿童房安装摄像头，宝妈在厨房做饭时可以很方便地通过手机实时查看婴儿房的动态。如果只是能看到房间的画面，那就算不上智能摄像头，顶多是网络摄像头。现在主流的无线智能平台都有配套的智能摄像头，不仅能查看图像，还可以进行哭声监测并及时通知父母。

智能摄像头使用说明

产品名称	智能摄像头
产品类型	网关
安装条件	2.4 GHz 无线覆盖范围，插座供电
主要功能	拍照、摄像、远程查看、离家监控警报、内置网关、AI 人形宠物追踪、人脸识别、异常声音侦测、移动侦测、红外夜视、部分产品可红外控制家电
本地联动	同一个网关下的传感器、控制器等可断网，采用本地联动

智能摄像头 AI 监测声音示意图
（图片来源：绿米联创）

　　除了智能摄像头，还有一类可以应用在婴儿床上的传感器，即用来监测孩子是否有踢被子、翻身等动作的动静贴。

　　震动传感器（动静贴）使用说明

产品名称	震动传感器（动静贴）
产品类型	传感器
安装条件	网关信号覆盖，电池供电
主要功能	检测物体异常震动、倾斜、跌落等
本地联动	同一个网关下的传感器、控制器等可断网，采用本地联动

动静贴

　　动静贴也可以放置在家里比较大的绿植摆件上，当有小孩子触碰时，联动网关和音箱发出声音警告。

　　婴幼儿皮肤敏感，对于睡眠环境的要求更高，对于温度我们可以通过空调自动调节，那么湿度呢？加湿器可以增加湿度，问题是在环境达到舒适的湿度后，如何让加湿器自动停止工作？

　　温湿度传感器使用说明

产品名称	温湿度传感器
产品类型	传感器
安装条件	网关信号覆盖，电池供电
主要功能	检测环境温湿度
本地联动	同一个网关下的传感器、控制器等可断网，采用本地联动

温湿度传感器

　　之前介绍的智能插座可以实现远程断电，这样就可以控制加湿器了。设计师可以在房间里面增加一个检测湿度的传感器，然后再在系统里面设置，当湿度低于多少时让加湿器使用的智能插座通电，当环境达到一定湿度后，智能插座断电停止工作。

　　最后总结下设计师运用的智能产品：智能门锁提升安全性和便利性，天然气报警器、烟雾报警器、水浸传感器等保障厨房用电、用气、用水安全，智能摄像头帮忙照看儿童、远程查看儿童房，并和儿童对话。这些产品提升了业主生活的便利性，监测环境温湿度的传感器能与相关电器设备联动，并及时提醒业主。

本案例中，涉及的新设备：

智能门锁、智能摄像头、温湿度传感器、天然气报警器、烟雾报警器、水浸传感器和动静贴。

新设备可实现的功能（部分）：

指纹密码开锁、撬锁警报、开门自动联动灯具电器、室内温湿度检测、室内摄像头安防监控、
天然气报警器、火灾烟雾报警器、贵重物品震动报警器、漏水感应功能等。

新增产品花费（自营店售价因查询时间不同可能会有差异）：

智能门锁：2499 元

智能摄像头：399 元

温湿度传感器：19 元

天然气报警器：179 元

烟雾报警器：149 元

水浸传感器：59 元

动静贴：89 元

合计：3393 元

全屋智能产品放置示意图（图片来源：绿米联创）

第 4 节 「适老化」的智能家居设计

建筑面积：160 m²
居住人员：三代同堂六口人
房屋类型：大平层（四室）
使用电器：常用电器

"适老化" 的智能家居设计

　　有些设计师可能在平时已经向业主推荐使用智能家居来提升生活便利性了，有没有发现不接受智能家居的业主很多是担心老人和儿童不会用、不敢用、不能用呢？

　　随着智能手机的普及，越来越多的生活场景需要用到手机，比如购买飞机票、火车票，查看行程码、健康码，进行网购、点外卖等。有些老人因不会用智能手机而无法进入某些地区，或因不会使用自动购票机而无法乘坐相关交通工具等，后来互联网公司纷纷更新 APP，进行"适老化"改造。

　　那么智能家居系统的"适老化"改造如何进行呢？

　　这就需要设计师从业主的实际需求出发，结合居住情况来推荐合适的产品。

　　以智能开关为例，许多智能开关产品的外观如右图：

触摸开关面板

这种开关可显示文字、图案，比较直观，触摸开关比传统物理按键也显得更具科技感，当然，也有几个不足之处：

（1）夜晚摸黑开灯，不容易一次找到指定的灯光开关，需要开关几次才能成功。

（2）一个开关面板往往有 4～8 个按键，单个按键面积过小，容易误触或多开。

（3）触摸开关的反馈不像物理按键那么明显。

（4）有些老人视力欠佳，看不清文字，选择按键吃力。

（5）全液晶屏面板当画面变动或切换时，部分老人可能不会用、不敢用。

这仅仅以开关为例，还有很多涉及智能家居系统的问题，都需要考虑老人和儿童的使用感受和产品的便利性。

"适老化"智能家居系统特点解析

- **传统性**　产品样式及操作方式和传统产品一样，学习成本为"0"。
- **冗余性**　一些使用频率高的产品需手动操作，系统会自动复位。
- **简单性**　智能场景和设计方案以简单、实用为主。
- **无感化**　做好前期沟通调查，将智能的自动化做到无感化。

接下来我们从入户开始，看看都有哪些产品的选择应考虑老人和小孩的使用需求。

首当其冲的就是入户的智能门锁，指纹和人脸识别对于低龄儿童和老人不够友好。大部分的门锁商家会推荐使用近场通信（NFC）门禁卡或者密码的开锁方式，方便老人和小孩使用。

带有多种开锁方式的智能门锁（图片来源：绿米联创）

这里并不建议采用密码或者 NFC 门禁卡的方式开门，原因如下：

（1）密码容易被泄漏。

（2）密码容易被偷偷记下来。

（3）指纹锁体积不大，还带有一个键盘输入密码，可想而知数字按钮多么小，对于老人来说使用起来不方便。

（4）NFC 门禁卡存在被复制的风险。

那么推荐采用什么方式呢？答案是支持传统钥匙开锁的方式，钥匙带有电子认证功能，其原因如下：

（1）传统的钥匙，老人用了一辈子，没有学习成本。

（2）钥匙虽然存在被复制的风险，但是需要大型设备，钥匙离身易被察觉。

（3）丢失钥匙的话，能第一时间在手机上注销挂失，被注销的钥匙不能再使用。

以上的建议是针对年纪特别大或者特别小的用户群体，如果指纹能被正常识别，还是推荐学习使用指纹开锁。

进入家门后就是智能的开关了，如果老人不是非常熟悉触摸屏的使用，建议采用有传统物理按键的智能开关，或者有触摸屏结合物理按钮的开关。

智能音箱的选购设置注意事项：

（1）儿童房的智能音箱需要设置儿童模式和关闭部分 APP 功能，以防儿童收听或观看到不适宜内容。

（2）对于中小学生来说，可以配置带有屏幕的智能音箱，方便学习、查找资料。

支持传统钥匙开门的智能门锁（图片来源：绿米联创）

有传统物理按键样式的智能开关（图片来源：绿米联创）

（3）儿童房的智能音箱需要取消大部分智能设备的授权，仅保留儿童房的设备控制权。

（4）老人房不建议配置语音控制功能。

（5）建议少做或者不做客厅等公共区域的语音控制功能，改成物理按键控制。

"适老化"智能配置建议

（1）电器类，如果年轻人喜欢智能产品，老人习惯传统产品，且空间充足的话，那就考虑设计两套系统，比如洗衣机一台新款智能的，一台老式操作的，设计师在预留电器位置的时候就要考虑两台的位置。

（2）老人房的窗帘考虑用手动的。

（3）在卫生间增加应急按钮，方便老人一键呼救，可以用无线按键实现。

贴墙式无线开关作应急开关使用（图片来源：绿米联创）

（4）定时复位（初始化），指家里做了智能配置后，很多插座或者开关状态可能随时会变，会存在某些风扇的插座是被智能开关关掉电源的。这种情况下老人家开风扇会发现无法使用，老人不一定知道是插座没电，绝大多数老人的第一反应是风扇坏了，毕竟家里其他电器有电，排除了停电的可能。定时复位是为了让家里的系统初始化，该通电的通电，该关闭的关闭，让一些设置回归默认值。

（5）简化功能，很多产品的交互有多种方式，以常见的鼠标和手机来举例，鼠标可以有左键单击、左键双击、右键单击、右键双击、中间滚轮键单击、拖动等操作。手机屏幕除了触摸还有长按的方式，有的手机屏幕还有重按方式，用不同的力度按屏幕，反馈不同的交互界面。对于智能产品比如开关有单击，有双击，有三击，还有长按，有些无线开关还能摇一摇。设计师需要考虑老人的学习成本，最好一个产品只设定一种功能，按下去就执行单一功能或单一场景，不增加操作记忆成本。

除了要考虑冗余性和简单性，在配置智能产品的时候最好能直接配置好自动化功能，自动化就是通过传感器或者时间等条件自动实现一些功能。老人对智能机、触摸屏、语音音箱都不太熟悉，如果生活中大部分的操作都是自动的会不会更方便？比如晚上回家开门后自动亮灯，晚上起夜自动亮灯，床头的音箱自动播放吃药提醒，关门自动上锁等。

针对老人的智能设计，还要结合老年人的心理来设计，曾有日本心理学家认为老年人的个性具有自我中心性（表现为任性顽固，并且顽固程度越来越深）、猜疑性（由于感觉能力的衰退而产生的胡乱猜测、嫉妒、乖僻的性格）、保守性（讨厌

无线开关（图片来源：绿米联创）

新奇的东西、偏爱旧日的习惯和想法）、疑心病（过分关心自己的身体）、唠叨（总喜欢回忆往日的生活，不能把握现状）的特点。通过智能家居系统的一些产品，可以让老人的家居生活更舒适，也可以让子女在不打扰老人的前提下了解老人的一些活动。

"适老化"常见场景的智能化设计

接下来分享几种"适老化"常见场景的智能化设计：

（1）起床和入睡记录：子女想要了解老人的睡眠状况，可以在老人房安装智能摄像头，但这样会涉及老人的隐私，多数人不会答应。也可以在老人房门口安装人体传感器，通过系统自动记录的日志，了解老人大致的起床和睡眠时间，方便子女掌握老人的睡眠状况。

（2）起夜夜灯：在床两侧的床头柜下方安装带人体传感器功能的感应夜灯，当检测到有人下床时自动开启夜灯，方便老人起夜。同时系统日志会记录下来，方便子女了解老人入睡后起夜次数，若次数异常需及时预约体检。

（3）老人如厕监测：如果能接受智能马桶，那么选择带有如厕记录数据的智能马桶即可。如果老人家习惯普通马桶，可以通过更换智能马桶盖，或在马桶盖里放置震动传感器来实现监测如厕的时间和频次。

感应夜灯使用场景示意图（图片来源：绿米联创）

（4）出门前提醒：在老人鞋柜柜门上安装门窗传感器，联动玄关处智能音箱，感应到打开时，就自动播报今日天气，同时提醒带好身份证、手机、钥匙等必备物品。

（5）一键睡眠按钮：在床头柜上方放置一个无线开关，长按打开睡眠模式，自动关闭老人房的电器、卫生间热水器、灯，同时语音播报，告知已经关闭电器和灯光，可放心入睡。

（6）吃药提醒：通过在老人房放置药品的抽屉里安装门窗传感器，来检测今日是否打开抽屉吃药。

（7）活动监测：在老人常活动的区域如老人房、客厅、厨房等安装人体传感器，设置超过一定时间没有任何人体活动时发送提醒到手机上。

通过本章的分享我们了解到在人生的各个阶段，智能家居都能提升生活的品质和便利性。了解了常见的智能家居场景搭配设计后，就到了实际落地操作的环节。下一章我们将通过实际案例来展示两套智能家居系统的落地过程，同时会针对设计师在设计和工地跟进时需要注意的事项进行归纳总结。

调光面板实景（图片来源：绿米联创）

触摸面板实景（图片来源：如影智能）

第 4 章

智能家居设计
落地步骤

前期沟通阶段

明确需求预算

　　装修是个"无底洞"，同样尺寸的瓷砖价格从十几元到几千元都有，智能家居也是如此，几千元能做，几十万元也可以。设计师在前期沟通时，需要对业主预算有个大概了解，以 100 m² 三室两厅为例，国内品牌的无线智能家居系统全屋常规配置（智能门锁、灯光、安防监控、电动窗帘、常用传感器）落地价格在 8000~28 000 元，定位比较高端的配置价格接近 10 万元。国外品牌的无线智能家居系统中，仅灯光智能控制和调光系统就已经超过 10 万元，算上电动窗帘等造价远超国内品牌。

　　因此设计师前期在和业主沟通过程中，要根据业主的预算和需求推荐合适的无线智能家居系统，然后按照下表进行详细的需求记录。大概明确业主的需求和预算后，进一步确定业主的参与度。

全屋智能常用产品展示（图片来源：绿米联创）

客户需求登记表

地址：＿＿＿市＿＿＿区＿＿＿路＿＿＿小区＿＿＿栋＿＿＿单元＿＿＿室

面积：＿＿＿/m²　联系电话：＿＿＿

房型种类：公寓　合租　一室一厅　两室一厅　三室一厅　四室一厅　大平层　别墅　先生/女士

房子状态：未装修　正在装修：水电—泥工—木工—腻灰—清洁　已入住（使用 1~5 年）　已入住（使用 5 年以上）

家庭成员：单身　夫妻两人　一家（　）口（孩子 7 岁以下）　一家（　）口（孩子 7 岁以上）　一家（　）口（孩子 + 老人）　老两口和小孩　独居老人

项目	智能门锁	智能灯控	智能空调	电动窗帘	智能家电	智能安防
入户	是　否	小灯　灯带　筒灯　射灯			门铃　猫眼　鞋柜灯带	非法开门报警
客厅	是　否	小灯　灯带　筒灯　射灯	无　有　挂机　柜机　中央空调	无　有　单轨　双轨　罗马杆　滑轮　长度	电视机　净化器　新风系统	异常联动摄像头
餐厅		小灯　灯带　筒灯　射灯	无　有　挂机　柜机　中央空调	无　有　单轨　双轨　罗马杆　滑轮　长度	直饮机　冰箱　背景音乐	屋内异常报警
厨房		主灯　副灯　灯带　排风扇　其他	无　有　挂机　柜机　中央空调	无　有　单轨　双轨　罗马杆　滑轮　长度	吸油烟机　洗碗机　净水器	烟雾、燃气报警　水浸报警
大阳台		小灯　其他			扫地机器人　电动晾衣架	水浸报警
小阳台		小灯　其他			洗衣机　热水器	水浸报警
客卫		主灯　副灯　灯带　排风扇　其他			电吹风　浴霸　智能马桶盖　其他：	水浸报警
过道		筒灯　灯带　射灯　其他			全屋 Wi-Fi 覆盖优化	屋内异常报警
主卧室	是　否	主灯　灯带　筒灯　射灯　排风扇	无　有　挂机　柜机　中央空调	无　有　单轨　双轨　罗马杆　滑轮　长度	电视机　风扇　床头灯	非法开门报警
主卫		主灯　副灯			浴霸　智能魔镜　智能马桶盖	水浸报警
儿童房		主灯　灯带　筒灯　射灯	无　有　挂机　柜机　中央空调	无　有　单轨　双轨　罗马杆　滑轮　长度	电视机　风扇　空气净化器	屋内异常报警
次卧室 1		主灯　灯带　筒灯　射灯	无　有　挂机　柜机　中央空调	无　有　单轨　双轨　罗马杆　滑轮　长度	电视机　风扇　空气净化器	屋内异常报警
次卧室 2		主灯　灯带　筒灯　射灯	无　有　挂机　柜机　中央空调	无　有　单轨　双轨　罗马杆　滑轮　长度	电视机　风扇　空气净化器	屋内异常报警

业主参与程度

装修分为清包、半包、全包、整装，有些业主想要每个阶段都参与，主材自己买，家具自己订，有些业主喜欢找个装修公司一站式服务或者让设计师代购。同样智能家居系统也是有些业主喜欢自己参与配置智能产品，有些业主是小白或者没有时间精力，希望有专业的服务商来落地智能家居系统。传统的有线智能安装调试门槛非常高，绝大部分业主无法自行调配，无线智能家居系统的安装和调试相对简单一些，部分智能家居爱好者可以搭建。本章最后两节是一位家居爱好者分享的自己动手搭建小户型和大平层智能家居系统的案例。

如果是交给专业服务商进行落地，业主只需要前期去线下体验馆体验，面对面详细沟通需求，剩下的交给本地服务商即可。虽说服务商流程厂家都有培训，但是智能家居和全屋定制一样，三分产品七分配置，设计师如果能懂一些全屋智能设计的话，就能够更好地配合服务商进行落地，也能给业主带来更好的体验。

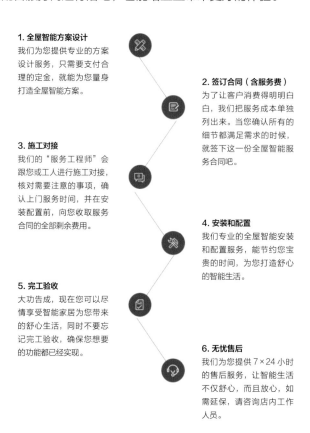

1. 全屋智能方案设计
我们为您提供专业的方案设计服务，只需要支付合理的定金，就能为您量身打造全屋智能方案。

2. 签订合同（含服务费）
为了让客户消费得明明白白，我们把服务成本单独列出来。当您确认所有的细节都满足需求的时候，就签下这一份全屋智能服务合同吧。

3. 施工对接
我们的"服务工程师"会跟您或工人进行施工对接，核对需要注意的事项，确认上门服务时间，并在安装配置前，向您收取服务合同的全部剩余费用。

4. 安装和配置
我们专业的全屋智能安装和配置服务，能节约您宝贵的时间，为您打造舒心的智能生活。

5. 完工验收
大功告成，现在您可以尽情享受智能家居为您带来的舒心生活，同时不要忘记完工验收，确保您想要的功能都已经实现。

6. 无忧售后
我们为您提供 7×24 小时的售后服务，让智能生活不仅舒心，而且放心，如需延保，请咨询店内工作人员。

绿米联创（Aqara）服务流程

施工图阶段

通过前期的沟通了解业主的需求后，有条件的可以先带业主去线下实体店体验，再确定是否有必要实现某些功能。确定基本需求后进入设计阶段，这也是最体现设计师专业能力的时候。

平面图规划点位注意事项

进入设计阶段，针对业主的智能化需求，在施工图中规划智能设备点位时需要注意的事项包括以下方面。

规划好智能设备的放置位置，如扫地机器人、智能音箱、智能摄像头等。不同设备的尺寸不一样，设计师布置的时候要结合美观性和实用性考虑设备最佳的放置位置。

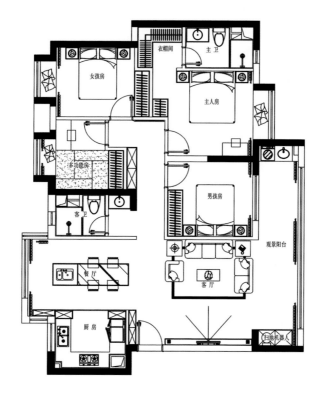

平面布置图

电路注意事项

确定施工图中的强弱电点位图时需要考虑涉及的智能家居设备是否需要提供电源插座或者网线。常见需要预留电源插座的智能设备包括电动窗帘电机、扫地机器人、智能马桶、吸尘器充电底座、床头夜灯等。常见需要预留网线的智能设备包括智能电视机、有源以太网（POE）供电摄像头、智能音箱、投影仪等。

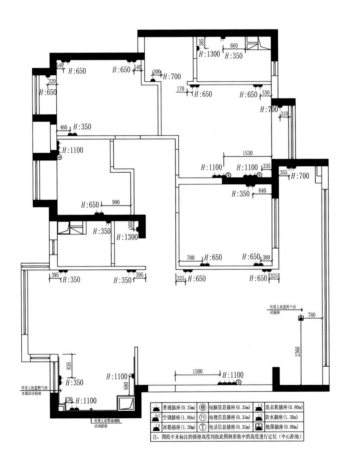

强弱电点位图

　　确定开关连线图时应特别注意，智能开关最多支持几路电。大部分无线智能开关最多支持 3 个回路（3 键开关），所以在设计开关点位图时需要注意，如果一个空间需要 4 个回路，那么就需要预留两个开关面板。传统物理开关有 4 键面板，需要注意智能开关是否有 4 键，图纸上需要标明对应开关数量，以免后期施工与水电开槽时数量不符。还有如果全屋使用智能面板，那么可以不用做双控的布线，以后用无线开关或者语音命令就能开关灯。

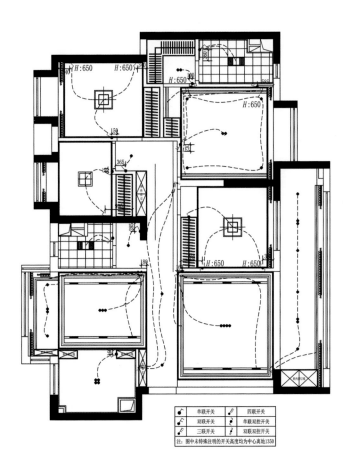

开关连线图

预留尺寸注意事项

电动窗帘轨道的预留宽度比手动窗帘的更宽。通常需要预留的宽度如下：
单直轨窗帘盒宽度不小于 150 mm，双直轨窗帘盒宽度不小于 220 mm；
单弯轨窗帘盒宽度不小于 200 mm，双弯轨窗帘盒宽度不小于 300 mm。

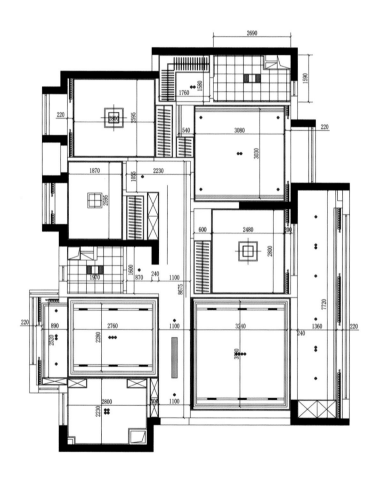

平面图尺寸图

　　立面图纸中需要标明各类智能设备对于电源插座高度的要求和是否需要预留散热的空间。

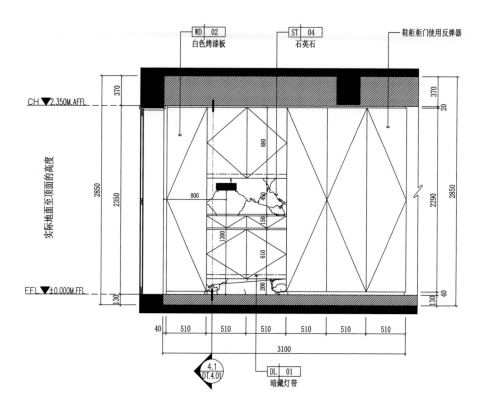

入户玄关立面图

施工初期阶段

施工图虽然画好了，但毕竟还是图纸，设计师需要勤去工地，确保完美落地，尤其是预留的点位和尺寸一旦出错，后期再改代价太大。

要想完美落地除了画好图纸之外，施工阶段的跟进也很重要，做好全屋智能需要注意以下几个施工节点。

水电阶段注意事项

水电阶段，在水电现场放样时需要设计师和智能服务商一起到现场，对需要预留的开关、插座、网线等现场和项目经理交底。水电完工验收时，需要再次核对是否有遗漏，以及是否有预留零线、电源线、网线等。

水电施工阶段实景

木工阶段注意事项

木工阶段，需要注意窗帘盒宽度是否满足电动窗帘轨道的最低宽度要求。

木作施工实景

深化阶段注意事项

深化阶段，针对全屋定制的图纸，设计师也需要重点看下收纳智能设备的定制柜内部空间划分是否合理、尺寸是否符合设备要求、电源插座是否有标示。

全屋定制中洗衣机收纳定制柜实景

施工后期阶段

施工阶段到后期要考虑各种家具、家电进场，为了有更好的全屋智能体验，对家具、家电的挑选也有相应的要求。

家具、家电注意事项

选择沙发、桌椅、茶几等款式时需要考虑扫地机器人的通过性。

部分家具容易困住扫地机器人

选择网络设备要考虑全屋接入 Wi-Fi 设备的数量来选择产品，在产品的详情页一般会显示可带机数量，需要注意的是厂家为了数值好看，一般把 2.4 GHz 和 5 GHz 的数量加起来宣传，如果显示带机量或者综合接入值是 128 台，实际使用中能连接 2.4 GHz 的设备不超过 60 台。智能家居设备或电器通常只能连接 2.4 GHz 的频段，5 GHz 用来连接手机和电脑。

多根天线的无线路由器效果更佳

在家电的选择中，如果考虑联动，那么建议业主选择同一个品牌的电器设备或者查看电器详情页，通常新款智能家电可接入的智能平台较多。下面是能接入米家的部分电器品牌列表截图。

支持米家 APP 的第三方品牌（部分）

智能场景的调试

配置好网络和家具、家电后，就是全屋智能场景的调试，看起来很复杂的调试，在目前主流的无线智能家居平台已经变得比较简单，常规的场景很多业主可以自己动手进行配置。

智能家居
落地实例一

这部分主要和大家分享一下小米智能家居从零开始搭建的过程,并结合我家使用智能家居四年多的具体感受谈谈心得。

为何建议入门级选择小米智能家居?

个人认为对于智能家居而言,整体的联动更重要,即使单一电器再高级,但如果无法实现联动的话,那么它对整个系统搭建也起不到应有的作用。

小米智能家居最大的优势在于生态链产品丰富,同类产品中有多个品牌可供选择,而且多数产品可以接入米家 APP 进行操作。目前来说,既想要入手整套智能家居产品,又想要低成本、低难度的话,小米生态链产品可以说是最优选择。

这里给大家普及一些知识,选择小米智能家居并不是说全屋都选择小米产品,而是要选择支持米家 APP 的小米生态链产品,例如易来(Yeelight)、绿米(Aqara)等品牌都是小米生态链中基础智能(灯光、传感器、窗帘等)的重要品牌。另外,小米的很多产品支持苹果的智能家居平台(HomeKit)系统。

小米智能家居的前期预留工作

小米智能家居的前期预留工作并不难,仅需做到以下 3 点,一是开关预留零火双线,二是不要布置双控开关,三是预留足够的插座。

1. 开关预留零火双线

目前来说智能灯光控制有两种方式,一是智能开关控制非智能灯,二是直接使用智能灯。不论什么型号的智能开关,都分为单火线版和零火双线版,其中零火双线版的开关比单火线版开关更加稳定和便宜。

如果想要使用智能灯具,甚至可以做到不布置任何开关(当然一旦需要重连设备,老款略微麻烦)。但如果想用更炫酷的智能面板来代替开关,那么建议预留零火双线。

即使你犹豫是否选用智能家居,前期也可以在开关中多装根零线,这样不会增加多少成本,后期也不影响使用普通开关。综合来看,开关中预留零火双线是明智的选择。

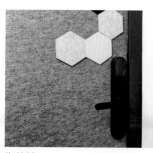

指纹锁　　　　　　　　　　　　　　　　　　情景面板

注意：一般来说开关需接火线和灯线两根线，所谓的预留零火双线就是预留火线、灯线和零线三根线。而插座本来就是三根线——火线、零线和地线，所以即使使用智能插座布线也无需特殊化，而且全屋智能插座性价比太低，个人认为完全没必要，根据需要将几个插座更换为智能插座即可。

精装房的朋友也不要担心，下面这张图既有单火线开关的接线示意图，也有双控开关改线的示意图。

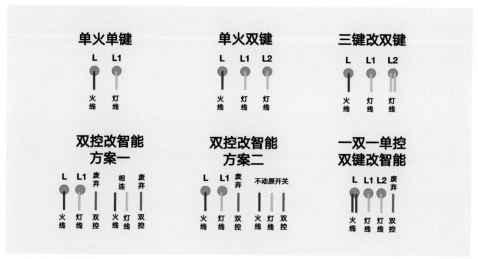

智能开关接线示意图

2. 不要布置双控开关

双控是一盏灯能被多个开关控制，例如卧室灯可以同时被门口和床头的开关控制。而一个开关能控制多组灯叫多开，例如卧室开关能控制卧室和阳台的灯，这就叫双开，客厅开关可以控制客厅筒灯、主灯以及灯带三组灯，这就叫三开。

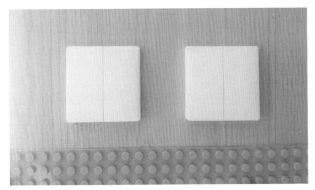

墙壁开关及无线开关

3. 预留足够的插座

不论是电动窗帘、智能摄像头、网关，还是扫地机器人，都需要预留插座，否则后期使用不便。此外，还需要注意一点，电动窗帘需要制作窗帘盒，通常单轨需要预留 150 mm，双轨需要预留 220 mm，如果是 L 形轨道，那么需再额外增加 100 mm。如果你家开间很大，需要 5~6 m 的窗帘，那么最好两边都留电源，否则可能会出现窗帘太重，一个电机带不动的情况。

至于各类传感器、门锁以及无线开关大多数都是不需要留线的，仅需定期更换纽扣电池即可。

智能窗帘

人体传感器

如何选择网关？

智能家居中的开关、传感器和智能灯大多都需要通过网关才能接入到米家 APP，从而实现智能联动。网关的款式很多，该如何挑选呢？

在购买时一定要看好设备到底需要的是 Zigbee 网关还是蓝牙网关，以及 Zigbee 网关的版本和蓝牙网关对应的型号（分为蓝牙网关和蓝牙 Mesh）。

绿米联创的单个 Zigbee 网关可以连接 32 个智能设备，但不建议连接超过 25 个子设备，个人建议住房面积在 120 m² 以内的设置两个网关，此后每增加 40 m² 增加一个网关，使用方法简单，将其分散布置在房间各个角落即可。

　　一般来说，需要插电的单体电器是不需要网关的，直接通过 Wi-Fi 就可以联入米家 APP 进行操控。

智能照明系统的搭建方式

　　小米智能家居中有两类灯光控制，即智能开关搭配非智能灯和直接使用智能灯（还可以智能开关加调光模块，太过复杂不在此展开）。下面分别介绍它们的优劣势。

1. 智能开关搭配非智能灯

非智能轨道射灯

　　优点： 首先智能开关搭配非智能灯的方式在选择灯具时更加灵活。例如我家的轨道灯、吊灯以及分子灯都是造型较为独特的非智能灯，也更符合自己家的装修风格。

　　其次这种改造方式整体造价较低，仅需把全屋的开关都更换掉即可，无需把每个灯都更换。

　　缺点： 一般来说，这种方式只能控制灯的开启或者关闭，无法控制灯光的色温或者亮度，细节的调整比较缺乏（当然也有调光模块，但是造价高且复杂）。

2. 直接使用智能灯

智能灯

优点: 在使用智能灯时,可以直接进行灯光细节方面的调整,例如改变灯光的色温、亮度,甚至可以根据音乐或者预设来自动改变灯的色温和亮度,玩法十分多样。

缺点: 相对来说整体造价较高,因为需要把每个灯都换成智能灯,才能实现全屋智能灯光控制。造型方面虽然已有很大改善,但是相对于传统灯具来说,丰富度略显不足。

常见传感器及其使用方法

对于智能家居来说,传感器的使用至关重要,它们是智能家居联动中的关键"螺丝",如果缺少了传感器的灵活使用,那么整个智能家居将缺少活力。

1. 人体传感器

人体传感器可以通过温度的变化,感应到人体的移动,从而联动其他智能设备。普通传感器如果人一直不动是感应不到的,但对更高端的传感器来说,只要有人即使不动也能检测到。高端传感器的高度敏感通过两种方式实现,一是高精度,动手指也能检测到,二是增加了其他检测方式。

比如，我家洗手间设置了湿区传感器和干区传感器，当任一传感器感应到有人移动时就自动开灯。当湿区传感器和干区传感器同时五分钟无人移动时就自动关灯。

人体传感器

有人移动开灯联动

无人移动关灯联动

2. 温湿度传感器

温湿度传感器可以感应到室内的温度与湿度，从而联动加湿器、风扇、空调等电器。有条件的话，也可以购买更高级的空气检测仪，不但可以检测室内温湿度，还能检测 $PM_{2.5}$、甲醛等，从而进行新风、空气净化器等产品的联动。

温湿度传感器

空气检测仪

3. 门窗传感器

门窗传感器可以感应到门窗的开启和关闭，从而联动其他智能设备。实际上，它不仅可以用于检测门窗的状态，也可以把它安装在抽屉、马桶、冰箱等处，用于判断这些设施当前的状态。

比如我在家中的次卧进行设置，打开次卧门时灯会自动亮起，关闭门时灯会自动关闭。

门窗传感器

开门亮灯联动

4. 光照传感器

光照传感器可以感应到光线的强弱，从而联动其他智能设备，比如说光线过强关闭窗帘，光线过弱打开灯等一系列的操作。

光照传感器

5. 震动传感器（动静贴）

动静贴对我而言，用途较小，目前主要是把它放在装有重要文件的抽屉上，一旦有人来动这个抽屉，我会第一时间收到通知，这款传感器可用于防盗报警。

动静贴

6. 水浸传感器、烟雾报警器、燃气报警器

这类传感器可以归属于报警器，当发生相关报警的时候，会第一时间发送通知到手机上，并进行相关设备的联动，例如开启浴霸换气、关闭阀门等一系列的操作。

水浸传感器

基础联动的逻辑

小米智能家居产品的联动主要依靠"如果"命令和"就执行"命令，来实现整个智能家居联动的过程，下面分别介绍。

1. "如果"命令

目前小米智能家居中的"如果"命令有"如果""如果同时满足时"和"如果任一满足时"共三种，下面分别介绍这三种"如果"命令的应用场景。

请选择多条件关系

　如果同时满足时

　如果任一满足时

取消

如果命令

1）如果

如果洗手间人体传感器感应到有人移动，那么洗手间灯光会自动亮起，这就是如果（单一满足），也是最基础的"如果"命令，只要满足一个条件就会进行"就执行"命令。

如果

有人移动　　　　　　　干区人体传感器
　　　　　　　　　　　卫生间

继续添加

就执行

开左键灯　　　　　　　洗手间开关
　　　　　　　　　　　卫生间

有人移动开灯联动（入门）

2）如果同时满足时

如果洗手间干区人体传感器和湿区人体传感器同时满足五分钟内无人移动，那么洗手间灯光就关闭，这就是如果同时满足。也就是说可以设定多个如果条件，当同时都满足时就进行"就执行"命令。

如果同时满足时

5分钟无人移动　　　　　干区人体传感器
　　　　　　　　　　　卫生间

5分钟无人移动　　　　　湿区人体传感器
　　　　　　　　　　　卫生间

继续添加

就执行

关左键灯　　　　　　　洗手间开关
　　　　　　　　　　　卫生间

无人移动关灯联动

3）如果任一满足时

如果洗手间干区人体传感器和湿区人体传感器，任一传感器感应到人移动，那么洗手间灯光就亮起，这就是如果任一满足时，即当你设定多个"如果"命令，只要有任一命令满足条件就进行"就执行"命令。

有人移动开灯联动（进阶）

2."就执行"命令

"就执行"命令可分为：直接控制智能设备、向手机发送通知、执行某条智能（手动智能）、开关某个智能（自动智能）和延时五种。

执行命令

1）直接控制智能设备

控制智能设备，最简单的是"就执行"命令。比如"如果"温度过高，"就执行"空调开启冷风。"如果"关上门窗，"就执行"关闭次卧吸顶灯。这些是最简单的智能设备控制。

如果	
温度高于 30.0 ℃	客厅温湿度 客厅
继续添加	
就执行	
开空调	客厅中央空调 客厅
继续添加	

高温开空调

如果	
浸水报警	厨房水浸传感器 厨房
继续添加	
就执行	
向手机发送通知	
继续添加	

浸水报警联动

2）向手机发送通知

向手机发送通知命令也很常用，一般用于预警。例如水浸传感器感应到异常后报警，并向手机发送通知。烟雾传感器、燃气传感器感应到异常后都可以报警，并向手机发送通知。

3）执行某条智能（手动智能）、开关某个智能（自动智能）、延时。

下面介绍执行某条智能（手动智能）、开关某个智能（自动智能）、延时三种"就执行"方式。

首先设置一条"一键关闭所有灯"的手动智能功能，然后利用"执行某条智能"把这条手动智能放入"就执行"命令里，这样可以避免一条条地设置关灯功能。

如果	
任意指纹开门	全自动智能推拉锁 D100 走廊
继续添加	
就执行	
执行场景	Yeelight网关 客厅
关	客厅窗帘 客厅
10秒后	
关闭	回家开灯
关闭	白天回家

回家模式联动

其次利用"延时"功能，延时 10 秒后，利用"开关某条智能"把回家开灯这条智能命令关闭，这样当第二个人回家后，就不会重复执行回家开灯这条智能命令。

实际场景的搭建

1. 离家、回家模式

首先分享离家、回家模式。小米智能家居中，离家与回家模式设定很重要的一点是利用"就执行"命令中的开关某条智能，来避免第二个人回家后的重复执行回家模式。

其次要设定白天和晚上两种不同的回家模式，至于哪些灯亮、音响语音的播放内容、环境温度的设定等均可随意调整。

最后在离家模式中，不要忘记设定离家模式启动时，打开回家模式。

离家、回家模式

自动化场景	如果命令	就执行命令	就执行命令方式	生效时段
回家模式（夜晚）	指定指纹开门	开回家灯	执行某条智能	17:30—第二天 06:00
		关闭窗帘	直接控制智能设备	
		音响播放指定内容	直接控制智能设备	
		开启温度自动化	开关某条智能	
		开启湿度自动化	开关某条智能	
		关闭离家警戒模式	开关某条智能	
		延时 10 秒		
		开启猫眼在家模式	开关某条智能	
		音响播放音乐	开关某条智能	
		关闭回家模式（夜晚）	开关某条智能	
		关闭回家模式（白天）	开关某条智能	
回家模式（白天）	指定指纹开门	不开灯，开启窗帘	执行某条智能	06:00—17:30

续表

自动化场景	如果命令	就执行命令	就执行命令方式	生效时段
离家模式	上提把手锁门	一键关闭所有灯	执行某条智能	全天
		关闭猫眼在家模式	开关某条智能	
		开启离家警戒模式	开关某条智能	
		延时 10 秒		
		关闭回家模式（夜晚）	开关某条智能	
		关闭回家模式（白天）	开关某条智能	

2. 观影模式

观影模式可以通过语音、手机、无线开关来实现，只要设置一条手工智能命令即可。对于投影仪的控制，我使用了万能遥控器，电视机盒子的控制依靠的是智能插座。

观影模式

自动化场景	如果命令	就执行命令	就执行命令方式
观影场景	"我要看电影"（语音）	万能遥控器打开投影	直接控制智能设备
		智能插座开启电视机盒子	直接控制智能设备
		关闭背景灯	执行某条智能
		关闭窗帘	直接控制智能设备
		开启氛围灯	直接控制智能设备
关闭投影	"关闭投影"（语音）	万能遥控器关闭投影	直接控制智能设备
		开启灯	执行某条智能
		开启窗帘	直接控制智能设备
		智能插座关闭电视机盒子	直接控制智能设备
		关闭氛围灯	直接控制智能设备

3. 洗手间智能控制

我把家中洗手间的智能控制分为两大部分，主要是灯光控制和环境控制。灯光控制主要依靠干区和湿区两个人体传感器来配合实现自动开灯与关灯（如果平时洗手间门一直是敞开的状态，那么也可以利用门窗传感器实现）。

环境控制则依靠 Yeelight 浴霸，与两个人体传感器、一个门窗传感器（判定马桶状态），以及一个温湿度传感器一起联动来实现，具体的联动过程可参考下表。

洗手间智能模式

自动化场景	如果命令	如果命令方式	就执行命令
自动开灯	干区人体传感器感应到有人移动	如果任一满足	打开洗手间灯
	湿区人体传感器感应到有人移动		
自动关灯	干区人体传感器 5 分钟未感应到人移动	如果同时满足	关闭洗手间灯
	湿区人体传感器 5 分钟未感应到人移动		
	马桶盖门窗传感器关闭		
自动开启暖风	湿区人体传感器感应到有人移动	如果同时满足	开启浴霸暖风
	温湿度传感器感应到温度低于 23 ℃		
自动开启吹风	湿区人体传感器感应到有人移动	如果同时满足	开启浴霸吹风
	温湿度传感器感应到温度高于 28 ℃		
自动开启换气	马桶盖门窗传感器开启	如果同时满足	开启浴霸换气
	湿区人体传感器 10 分钟未感应到人移动		
自动开启干燥功能	温湿度传感器湿度感应到高于 70%	如果单一满足	开启浴霸干燥功能
自动关闭浴霸	干区人体传感器感应到 10 分钟未感应到人移动	如果同时满足	关闭浴霸
	湿区人体传感器 10 分钟未感应到人移动		

4. 智能灯光场景

1）夜灯模式

智能灯光模式所需设备

序号	设备名称	数量
1	人体传感器	若干
2	门窗传感器	若干
3	Aqara 开关	若干

当 23 点至第二天 6 点时走廊人体传感器感应到人体移动时，走廊灯自动开启，当洗手间人体传感器感应到人体移动时，洗手间灯自动开启。当人体传感器 5 分钟未感应到人移动时，灯自动关闭。

而次卧因为采用了榻榻米，所以利用门窗传感器来实现开门亮灯。

智能灯光夜间模式

时段	如果命令	就执行命令
23 点—第二天 6 点	走廊人体传感器感应到有人移动	走廊灯开启
23 点—第二天 6 点	次卧门窗传感器开启	走廊灯开启
23 点—第二天 6 点	走廊人体传感器 10 分钟未感应到人移动	走廊灯关闭

小技巧：

（1）注意留线路时准备设置为夜灯的灯光不要设计得过亮，否则自动开启后会让人睡意全无。

（2）设置自动开启和关闭灯时，一定要根据自己的作息时间设置，否则很可能会出现正坐在客厅看电影时，结果灯自动关闭的现象。

2）主卧照明

主卧照明设备

序号	设备名称	数量
1	遥控开关	1
2	Aqara 开关	若干

首先将主卧遥控开关和主卧、阳台的开关联动实现双控，其次把主卧加湿器和新风系统也联动到遥控开关。

主卧智能灯光模式

设备名称	如果命令	就执行命令
主卧灯	单击主卧遥控开关	主卧灯开关
	双击主卧遥控开关	阳台灯开关
	长按主卧遥控开关	全屋灯关闭
主卧设备	摇一摇主卧遥控	新风系统开启睡眠模式
		加湿器关闭

3）次卧照明

次卧照明设备

序号	设备名称	数量
1	无线开关	1
2	门窗传感器	1
3	Aqara 开关	1

首先将次卧无线开关和次卧开关联动实现双控，其次把门窗传感器和光感传感器结合，实现开门自动开灯。

次卧智能灯光模式

如果命令	就执行命令
单击次卧无线开关	次卧灯开关
次卧门窗传感器开启	次卧灯开启
光感传感器感应到环境亮度不足	

5. 智能安防场景

为了安全，我在家里添置了多种类型的传感器，其中烟雾报警器、燃气报警器和水浸传感器是常开预警状态随时提醒，而Aqara动静贴、门窗传感器和摄像头则是开启离家模式后开启的。

智能安防场景所需设备

序号	设备名称	数量
1	烟雾报警器	1
2	燃气报警器	1
3	浴霸	1
4	新风机组	若干
5	风扇	若干

当烟雾传感器报警后，全屋风扇开启，新风系统开启最大功率，洗手间换气扇开启最大功率。

烟雾报警器智能场景

如果命令	就执行命令
烟雾报警器报警	风扇开启
	新风系统开启最大功率
	浴霸换气开启最大功率

当燃气报警器报警后，新风系统开启最大功率，洗手间换气扇开启最大功率，全屋电器能断电的都断电，燃气阀门关闭。

燃气报警器智能场景

如果命令	就执行命令
燃气报警器报警	燃气阀门关闭
	新风系统开启最大功率
	浴霸换气扇开启最大功率

小技巧：

（1）并不是所有传感器都应实时报警，将传感器区分为实时报警和离家后报警的两类也很重要。

（2）烟雾报警器报警后首先要考虑排烟，而燃气报警器报警后首先要考虑避免有火花；其次是换气，我家的新风系统和换气扇距离燃气管比较远，因此可以开启用以换气。

进阶实用技巧

1. 减少语音操控，增加智能联动

个人认为天天去喊"小爱同学"或者"Siri"并不是实用的智能功能，设计智能家居时应巧妙地利用三种"如果"命令和生效时间段，从而实现符合生活习惯的自动联动。

例如上文提到的洗手间智能控制以及离家、回家模式，都可以根据生活习惯自行联动。

2. 灵活使用无线开关及传感器

无线开关和传感器的使用方法建议大家多摸索，重点在于通过不同的触发条件实现联动，而不是死板地使用基础功能。

例如无线开关并不仅限于作为灯的双控使用，还可以直接控制电动窗帘、扫地机

器人、洗衣机等，甚至控制整套智能场景的开启和关闭。门窗传感器也不是单单用于判定门窗状态，还可以用来判断马桶的状态，或者抽屉的开关。

3. 巧妙应用小组件

若想在手机上快速操作智能设备，可以巧妙地利用小组件功能，把设备快捷操作、设备状态和智能场景都放到副屏，轻轻一划就可以操作。

4. 如何防止离家、回家模式误判

离家、回家模式判断的关键点在于利用延时功能，在执行完"回家模式"后，延时 10 秒自动把"回家模式"关闭，从而实现第二个人回家后不会重复执行。

离家时则利用上提门把手或者布防模式来判定是否是最后离家的人，并且在执行"离家模式"后延时 10 秒自动把"回家模式"再次开启，这样再次回家后就能继续执行"回家模式"了。

5. 非智能电器的接入

对于非智能的空调、电视机等电器来说，可以利用小米小爱 pro 的红外遥控功能来实现自动控制，如果你动手能力强，还可以在里边增加更多种类的控制模块。此外还可以利用智能开关，进行对应电器的开关控制。例如我家电视机盒子的开关方式是直接暴力的通电、断电，这样可以利用智能插座，节省电视机盒子每次开启开场动画的时间。

6. 多个传感器灵活联动

当你需要进行复杂的判断时，可以灵活地利用多个传感器组合不同的判定方式，从而实现更精准的条件判断。

例如洗手间是利用两个人体传感器、一个温湿度传感器以及一个门窗传感器，巧妙地结合"如果同时满足"和"如果任一满足"这两个如果命令，从而判定洗手间是否有人以及当前所进行的活动，结合当前环境的温湿度，控制灯和浴霸执行对应的程序的。洗手间的联动主要是依靠以智能浴霸的多种模式为主体，配合多个人体传感器和门窗传感器来实现的。

7. 小爱训练

想要拥有一个更加智能的"小爱同学"的话，需要手把手教它。通过训练可以让智商堪比哈士奇（西伯利亚雪橇犬）的"小爱同学"，进化成简易版的贾维斯（Just A Rather Very Intelligent System，美国漫威漫画旗下的人工智能，直译为"只是一个相当聪明的智能系统"）。

常见问答

1. 需要都买智能插座吗?

不需要,因为墙壁智能插座动辄上百元,主要功能就是能远程通电、断电、看功率和统计耗电量。完全可以使用外接的智能插座实现这些功能,且外接智能插座后期更换也比较方便。

2. 怎样的设备可以进行联动?

一般只要设备在一个生态链都可以进行联动,比如都可以接入米家 APP,不论你是通过蓝牙网关、Zigbee 网关,还是直接连接 Wi-Fi 接入都可以,只要能通过一个 APP 控制,一般就可以联动。如果无法连接米家 APP 的话,那么就无法联动了。

3. 能用小度或者天猫精灵控制米家产品吗?

有可能可以控制个别小米生态链的产品,但是想操控智能联动是不行的。

4. 用了智能家居,电费贵不贵?

不贵,我用了四年多的智能家居,米家 APP 连了 100 多个设备,平均每月电费 100 元左右(含空调、热水器用电)。

5. 绿米联创、睿米、云米、石头科技、Yeelight 等品牌和小米是什么关系?

都是小米生态链品牌,大多都可以接入米家 APP 进行联动。不过各家产品只有在自己 APP 上才是功能最全面的,甚至有些产品已经不支持接入米家 APP 了。

6. 使用小米智能家居需要每个房间都布置网线吗?

本案例设计不需要,120 m² 内无线 Mesh 组网足够。新装修用户可以每个房间预留网线,因为过大的户型和复式住宅中,无线 Mesh 的稳定性可能会略差一些。智能家居对网速要求不高,主要要求稳定性和覆盖性。

7. 如何设置白天开门灯不亮,晚上开门灯亮?

所有的联动都可以设置时间段,根据需求随意调整就可以。出门布防是开启的条件之一,它是通过按键启动的,不用担心家里有人误执行。布防按键只有关门后几秒钟内会有,也不必担心孩子会乱按误按。

智能家居
落地实例二

至此，关于入门级小米智能家居搭建的问题基本结束，下面谈谈升级版的智能家居搭建问题。

升级版智能家居搭建常见问题

1. 除了小米生态链还有更高级的智能家居选择吗？

看了小米生态链的智能搭建后，你可能会有疑问：除了小米生态链还有更高级的智能家居选择吗？其实小米智能家居是智能家居中入门相对简单、性价比较高的产品，如果追求更高品质的话，那么小米生态链其实并不合适。

小米产品多追求性价比，因此导致不论什么品牌，只要挂上小米产品价格就很难上去。因此很多小米生态链产品的高端系列就只接入自己的生态系统和苹果智能平台（HomeKit），而不再接入米家生态链了。

Aqara 相关产品

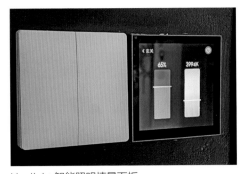

Yeelight 智能照明情景面板

以净化器为例，智能家居系统可直接控制单体

Yeelight 无主灯

例如 Aqara 的新款智能摄像头、妙控屏都可以进行手势识别，多了一种更懂用户的控制方式。而新出的人体存在传感器，不仅能检测静态人体，还可检测行动方向、距离远近，甚至能进行空间定位，从而可以实现更加复杂和高级的联动。但是目前这些高端的配件都不能接入米家 APP 进行联动。

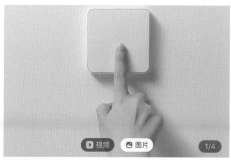

小米智能开关

而 Yeelight 的 S 级和 P 级智能调光无主灯灯具也很不错，智能屏幕尺寸是 86 型（86 mm×86 mm）标准开关（以下简称 86 开关）的尺寸。虽然可以通过网关接入米家，但是这些产品都不在网上销售，只在线下门店进行销售。

因此在升级版智能家居系统选择中，经过多方面考量，我还是放弃了最熟悉的小米生态链，而是选择了系统相对封闭的欧瑞博（ORVIBO）智能家居。

2. 欧瑞博的智能家居都有哪些突出优势？

之所以选择欧瑞博智能家居，主要是因为它的产品线比较全，虽然是封闭智能生态链，但是目前具备的智能产品完全可以满足我家对智能联动的需求。

欧瑞博产品集合

欧瑞博具有很多相对高端的配件，可以让智能联动更实用、更有趣。下边结合我新家的智能家居搭建，谈谈如果提高预算，选择更高阶的产品后，到底会带来哪些舒适性的提升。

智能人体传感器

○ 起夜自动亮灯
○ 智能探测移动
○ APP离家警戒提醒
○ 延时关闭空调/电视
○ 10ms快速响应

人体传感器

1）人体传感器

例如你用最基础的人体传感器，虽然可以轻松实现人来开灯，长时间无人后自动关灯，看似已经很智能了。但是人体传感器只能感应到移动的人，如果你坐着不动，或者动作轻微，那么它是感应不到的。例如我上厕所时玩手机，人体传感器就会常常误判为无人，执行关灯命令。

因此我选用了人体状态传感器，这样不论我是否移动，它都能判定我到底在不在，再也不必担心上厕所时突然黑灯了。而且它还能感知到人体运动幅度，从而判定出跌倒状态，并及时提醒家人（判断的是快速跌倒，缓慢跌倒则无法识别）。

值得注意的是人体状态传感器必须提前接线预装，因为纽扣电池的电量较小，无法支撑其长期使用，而米家的人体基础传感器可用纽扣电池供电。不过对于我来说，既然决定使用智能家居，那肯定是通过预留线路来获得更好的体验。

2）智能开关、智能屏幕

一直以来我比较提倡如果选择智能家居的话，开关必须预留零火双线，只有这样才更稳定，才可以给开关持续供电。

欧瑞博屏幕集合

其实更高级的智能家居，完全可以用智能屏幕代替智能开关。目前米家生态链只有 Yeelight 有 86 开关尺寸的小屏幕（Aqara 的屏幕不能接入米家），而欧瑞博目前有近 10 种智能屏幕，而且还在不断更新，下面主要谈下我的使用感受。

首先就是 MixPad X，16 ∶ 6 的全景屏设计，足足有 12.3 英寸（31.24 cm），配合 170° 的超广可视角度，放在入户客厅处可以同时控制全屋所有智能设备。并且它集合了智能屏幕、智能开关、智能音响（语音唤醒）以及智能网关（连接配件）多个设备的功能。之前的案例中客厅需要设计网关、触屏音响以及智能开关，而现在客厅只要一个屏幕就足够了。

MixPad X

小欧管家 3.0

这里多提一句，其他智能音响大多需要唤醒词，例如"小爱同学""小度、小度""天猫精灵"等，但是欧瑞博的所有智能屏幕都无需唤醒词，直接说出自己的需求，比如"关闭窗帘""打开客厅灯"等操作，在语音交互上更加简单方便。

其次就是 MixPad mini 和 MixPad S。其他房间考虑到使用成本，基本都使用了这两个型号。MixPad S 相比于 MixPad mini 多了三个按键（两侧可按，共 6 种判定方式），再就是音响进行了升级。

我认为实际使用差距不大，只有几个房间考虑到颜值，选择了 MixPad S，其他房间使用的是 MixPad mini 配合三开开关，因为有开关联框的存在，所以外观基本一致。

注：1 英寸 =2.54 cm，尺寸表示投影幕布、电视机屏幕的对角线长度。

MixPad mini

MixPad S

最后就是 MixPad 精灵触屏和 MixPad C2。前者颜色丰富，并且在 86 开关的基础上融合了三个按键和一块屏幕。

后者最大的特点是单火线也能使用，这应该是目前（截至 2022 年 4 月）市面上唯一一款可以单火线供电的智能屏幕。也就是说即使是改造的老房或者精装修房，没有为开关预留零火双线，也可以使用智能开关。

MixPad 精灵触屏

MixPad C2

3）智能调光灯具

基础的灯具智能化是通过智能开关搭配普通灯具实现的，虽然价格便宜，但是所谓的智能控制只是灯的开启和关闭，至于亮度、色温等参数都无法调节。

如果直接使用智能灯具，你可以准确地去调节灯的亮度、色温等参数，这样在同一个空间中可以根据不同的场景需求，进行更细致化的调整。

例如会客时灯的亮度和色温可以调高，观影时灯的亮度和色温可以调低，看书或者和孩子玩耍时，可以有针对性地调整某一盏灯或某几盏灯的亮度和色温。

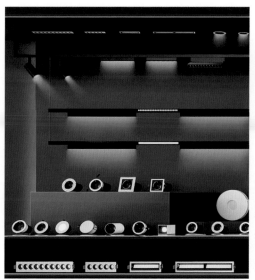

欧瑞博无主灯照明（一）

欧瑞博无主灯照明（二）

餐厅烛光模式

3. 封闭的智能系统完全无法联动其他品牌吗？

其实所谓的封闭智能生态系统仅是指智能类的配件不与其他品牌产品联动，但是大电器完全可以和其他品牌产品进行联动。

我家会把其他品牌的大家电接入欧瑞博的生态系统中，例如中央空调和新风系统就是我要准备接入的产品，不但能接入，而且比我直接接入的方式更完美。

我家目前控制空调和新风系统都是通过多功能红外遥控器实现的，因此只能进行简单的开关机和升降温度，无法判断空调当前的状态。例如我不论是开机还是关机，其实都是执行一次空调开关操作，如果已经开机了，再要求其开机反而会导致关机。调温也只能升降温度，无法知道当前是什么温度或者直接调整至所需温度。

欧瑞博 MixPad

多功能红外遥控器

而新家在使用了中央空调、新风智能升级套件后，就可以精准地调控中央空调的各种功能，甚至于完全可以利用欧瑞博的屏幕替代掉中央空调原有的智能控制器。

中央空调智能控制器

4. 如果选择欧瑞博后，还可以自己设计吗？

其实不论你选择什么智能产品，都是可以自己设计的，只是难度不同，越高级的智能系统，自己设计的难度越高。因此类似欧瑞博、Yeelight、Aqara、华为等全屋智能品牌都是有专门的智能设计师的，相对来说如果你家智能家居预算提高到5万元以上的话，那么完全可以让智能家居设计师来帮助你合理地设计家中的智能联动和智能设备。

当然作为新兴行业，免不了有鱼目混珠的情况，因此在选择智能家居的时候建议尽量选择大品牌，并且自己在前期也最好进行一定的了解。

智能灯场景

5. 欧瑞博就是最优选择了吗？

当然不是了，虽然欧瑞博目前确实很不错，但是未来我其实更看好有可能会统一的智能家居互联协议（matter协议），这样我在选择智能家居产品的时候就完全不必受限于品牌，而是可以取长补短地选择多个品牌来构成我家的智能系统（欧瑞博新品也有不少可接入matter协议）。

matter 协议

升级版智能家居可提升之处

最后我认为欧瑞博有三个比较小的智能配件还是有缺失的，在此简单谈一下，也希望厂家可以进行相关产品的研发。

1）插座

目前欧瑞博的智能插座是直接插在普通插座上使用的，而不是采用直接智能墙壁插座，作为定位中高端的智能品牌来说，这或许有点烦琐，谈不上极简。

2）智能猫眼

虽然在指纹锁上可以增加摄像头，但是更换指纹锁对防盗门来说有尺寸要求，而且更换成本较高，因此希望可以设置个智能猫眼，或者设计一个替代猫眼的智能摄像头。

这样来客在按门铃时，通过家中所有屏幕都可以进行视频观察和双向通话，如果可以联动门锁进行远程开锁的话，效果更佳。

3）机械臂阀门

目前可能智能家居各大品牌都没出相关产品，想要实现机械臂关闭水阀或气阀都需要通过第三方产品，不知道这是不是从安全方面考虑。

目前的水浸传感器、烟雾报警器以及燃气报警器多是半成品，只能进行报警不能自动关闭阀门，确实会影响使用体验。

关于我家智能家居的选择和使用感受就谈到这里。真心希望智能家居可以越来越普及，因为不论是提高生活舒适度上，还是提高老人独居安全性上，智能家居确实拥有无可比拟的优势。

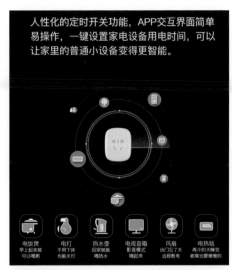

智能插座

摄像头指纹锁

各类传感器

第 5 章

常见智能
家居平台

有线智能家居系统介绍

说到智能家居平台，先从介绍有线智能家居开始，最早的智能家居都是以有线连接为主。目前为止，整栋建筑、别墅、大平层的智能家居系统还是以有线系统居多。

智能家居按是否需要布线可以分为有线系统和无线系统两类。有线智能家居系统通过物理的线路来传输信号，常见的有线通信系统有 KNX、RS-485、CAN 等，很多协议在工业控制领域已经应用多年。有线系统的代表品牌有快思聪、Control 4、赛万特、摩根智能、河东 HDL、思万奇、路创等。

我们先来看一个采用总线控制的实际案例：

通过右图可以看出，模块和模块之间的通信需要通过线缆连接，涉及的模块和设备都需要用线缆连接，前期布线施工成本高，后期调试也受局限。

接下来我们看看常见的几个有线智能家居品牌的介绍。

有线智能家居机房线路图

快思聪

快思聪（Crestron）致力于打造一体化技术，为住宅和楼宇提供自动化和控制的解决方案。这一解决方案集成了影音、照明、遮阳、IT、安防、建筑设备管理系统（BMS）和供热通风与空气调节（HVAC）等，可以为用户提供更高的舒适度、便利性和安全性。

快思聪的优势在于历史悠久，影音和视频全屋分享功能齐全，灯光、新风、暖通、安防监控、窗帘都可接入，主机功能强大，界面可改性很大。可以说快思聪是目前全球将家用电器、影音设备、灯光、空调、安防监控等功能与中控系统完美结合，并做到较为先进的中控厂家之一。

　　快思聪初期是做工程项目的，以多功能会议室、影音矩阵、投影机管控等切入民用家居智能市场，所以在楼宇控制方面整体上会比家居智能品牌好很多，当然价格也一直高高在上。

　　快思聪在智能家居领域非常依赖专业的工程师去落地，同一套住宅同样采用快思聪中控方案做全屋智能，不同的服务商做出来的效果可能天差地别。一套完整的灯控系统（以四室为例）需要一个智能控制主机、多个电源模块和通信模块、十几个开关模块、十几个智能按键面板等，整体造价在 5 万元以上。而且设定复制、调试和配置的界面对于普通用户并不友好，基本上需要程序员来操作。

Control 4

　　Control 4 成立于 2003 年 3 月，总部位于美国犹他州盐湖城。相对于快思聪来说 Control 4 比较年轻，提供一整套有线＋无线系列控制产品，比较擅长的是影音系统的控制，比如索尼（Sony）的电视机直接支持 Control 4 系统。Control 4 的智能遥控器可以取代其他设备的遥控器，只需要选择想使用的设备，关联的电视机、投影仪、播放器就会自动开启，还可以通过编程实现灯光、窗帘、温度的联动。Control 4 的控制界面不开放，不能随意定制界面和风格，由于 Control 4 有 Zigbee 通信的灯光控制系统，因此整体造价会比快思聪低。可以看出 Control 4 智能家居的产品线还是很齐全的。

快思聪 APP 截图

Control4 APP 截图

赛万特

赛万特（Savant）是一家在美国创办的年轻品牌，产品和 APP 界面颜值很高，尤其是遥控器的触摸屏反应灵敏，界面美观。它的缺点也很明显，因为它是完全基于苹果平台的自动化控制系统，而苹果的生态系统本身就缺乏兼容性，因此很多安防监控、空调暖通设备不能接入。

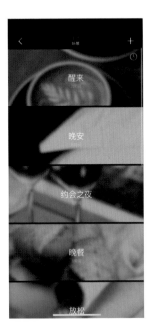

赛万特 APP 截图

就 Control 4、赛万特、快思聪这三家对比来说，它们的特点是：Control 4 属于入门级平台，价格平易近人，方便与第三方设备集成；赛万特中档价位，界面美观高级，拥有更好的用户体验，深受粉丝喜爱；快思聪，强大和可定制的解决方案，价格也是三者中最高的，非常适合复杂的集成，可以个性化编程，对于少数理想型客户来说可能是唯一选择，不过如果做得不好或是安装不当的话，反而比其他的系统难用。

摩根智能

摩根智能是德国品牌，国内有工厂，属于私有的定制总线协议智能家居产品。特点是开关面板的款式非常多，而且设计独特、与众不同，大部分智能家居品牌的开关方形居多，摩根有圆形、不规则形状等。

扎哈－摩纳哥金（双联框）

米兰－液晶面板

摩纳哥－亚黑

摩根智能开关部分产品图（图片来源：摩根智能）

　　摩根智能走设计师路线，产品定位高端，价格也比国内无线系统高，产品设计感十足，主打有线智能产品，也有部分无线智能产品。大平层和别墅客户适合把灯光控制、调光、暖通控制、窗帘控制、监控、网络覆盖、背景音乐、门禁系统等集成。现阶段主流无线智能平台还没有集成这么多。

　　下图为别墅地下室一般标配的面板：开关、空调、新风、电动天窗或窗帘等。左图为某别墅地下室会客厅面板实景，从左至右分别为空调面板（两个）、新风面板（两个）、电动天窗面板和灯控面板（两个）。哪怕面板都选用白色，每个品牌的白色也不尽相同，所以对于追求效果的设计师来说用智能面板才能解决这一问题。

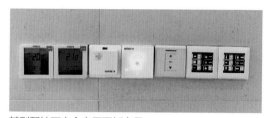

某别墅地下室会客厅面板实景

集成灯光、空调、地暖等控制的智能
开关（图片来源：摩根智能）

大屏幕触摸面板不仅功能齐全而且美观（图片来源：如影智能）

第2节

无线智能家居系统介绍

随着智能家居技术的不断进步，无线智能家居的发展也越来越快，现阶段线下的全屋智能体验馆以无线智能家居为主。小户型多采用无线智能家居系统，整体性价比较高。

无线智能家居这几年飞速发展，也涌现出了不少国内外知名的平台或品牌。国外的主要有谷歌公司的"Google Home"，苹果公司的"HomeKit"以及2021年5月由苹果、亚马逊、谷歌等企业共同推出的免费智能家居连接标准"matter"，国内也有不少企业宣布会支持matter协议。有线智能的厂家即便同样都采用RS-485协议，也有可能各自加密、互不兼容。随着互联网巨头统一协议的出现，未来智能家居产品将真正进入快速发展期，用户只需要关注产品的功能和体验。

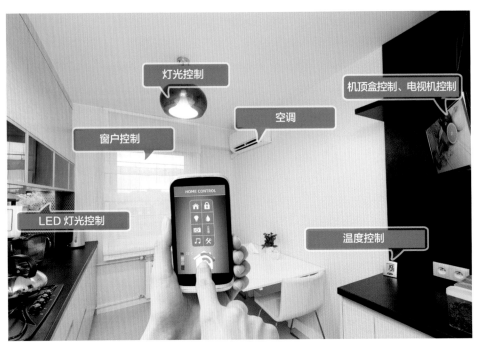

国外无线智能APP控制示意

苹果（HomeKit）

现阶段能落地的是苹果公司的 HomeKit。虽然很多品牌的智能家居官网展示的产品线很齐全，但主要是灯光控制、传感器、门锁等。

目前国内可以接入苹果 HomeKit 系统的产品包括绿米联创（Aqara）、小燕智能和镭豆，其中前两者使用较为普遍。

智能家居 APP 界面截图

绿米联创（Aqara）

深圳绿米联创科技有限公司（简称"绿米联创"）成立于 2009 年，总部位于深圳，绿米技术覆盖超低功耗无线传感器、Zigbee 无线网络技术、智能家居网关边缘计算技术、算法与 AI、平台开放与接入能力等方面。2016 年其推出高端自有品牌 Aqara，致力于持续通过绿色智能科技提升人们的家居生活品质。

绿米联创于 2017 年底首先推出"智能家居 4S 服务商"的概念，并计划开设 1000 家"Aqara Home"智能家居体验馆。

绿米联创大部分服务商将体验馆开在各大商超，主推线下沉浸式体验展厅。产品体验区设计了客厅、卧室、阳台、洗手间等家庭场景，为消费者提供一整套可以"看到的、听到的、问到的、摸到的"智能家居体验，实现了从智能单品到生活方式和场景体验式卖场的转变。官网上明确列出了产品的零售价和收费标准，各个区域服务商报价比较统一、服务流程基本一致。

绿米联创以 Zigbee 协议为主，而且开始发展自己的品牌，新产品入网配置和调试使用的是自家 Aqara Home APP。想在家里使用小米系列电器和设备的业主，选用绿米联创的产品时需要特别注意，要选择能接入米家的，这要看产品的商品描述页面是否带有接入米家的标志或者查看网关描述页的支持子设备列表。

在价格方面，绿米联创产品系列要分线上款和线下款，有些产品线上有售，在双十一等活动期间价格会便宜不少，有些产品属于线下专供，需要在服务商处购买。一般三室两厅常规配置含服务费全屋智能做下来 2 万元起。

绿米联创产品已经接入米家和苹果 HomeKit（图片来源：绿米联创）

欧瑞博（ORVIBO）

提到绿米联创就不能不提欧瑞博，它们是以 Zigbee 协议为主的国内智能家居的两大代表品牌，不过欧瑞博有些新品开始采用低能耗技术（BLE）无线协议。欧瑞博也开始开设线下智能体验和开发服务商团队。欧瑞博的主打产品为 MixPad 开关，尤其是新出的 MixPad X 全景屏超级智能开关屏幕尺寸高达 12.3 英寸（31.24 cm）还能扩展支持有线智能的 KNX 或 RS-485 等协议之一。大套房或者别墅配套的开关多，各种空调、暖通设备多，空调、暖通、新风等智能系统更多的还是选用传统有线方式接入，欧瑞博的超级智能开关可以实现设备系统的接入和客厅多种开关的整合。

欧瑞博 APP 截图

小米（米家）

现在国内生态最齐全的智能家居平台当属小米，我们来看看公众号"雷军"2021年 8 月发布的《雷军：小米 Q2 业绩发布，营收净利再创历史新高》里面关于智能家居的内容。

截至 2021 年 6 月，"小爱同学"月活用户数首次突破 1 亿人；人工智能物联网（AIoT）平台连接设备数（不含智能手机及笔记本电脑）为 3.74 亿台，拥有五件及以上设备（不包括智能手机及笔记本电脑）连接至小米 AIoT 平台的用户数有 740 万人，同比增长 44.5%。米家 APP 月活用户数同比增长 38.6%，达到 5650 万人。

通过数据可以看出，米家的智能产品使用人数很多，智能音箱（AI 虚拟助理：小爱同学）月活用户数突破 1 亿人。2015 年 1 月 18 日小米联合创始人林斌在极客公园GIF 2015 创新大会上发布了小米生态链的最新产品"智能家庭套装"，该套装包括多功能网关、人体传感器、门窗传感器、无线开关等。

虽然小米在之前陆续推出路由器、空气净化器等家庭用品，不过这套"智能家庭套装"才能算小米真正意义上的智能家居产品。米家的智能家居产品大多采用蓝牙Mesh 的方案，蓝牙最大的优势是对于智能手机、耳机、手环、智能手表来说都是标配，生态链的发展会更迅速。

如果用户预算很有限的话，建议选择米家。如果用户想要全部的生活家电、灯光、窗帘、门锁都能联动，选米家更为适宜。

开关、电视机、窗帘、传感器这些先不用看，我们只需要看生活电器在米家 APP里面的种类就可以知道它有多齐全。

从米家 APP 添加设备截图可见产品种类非常多

最后来做一个对比，满分为五星：

绿米联创、欧瑞博、小米米家对比

品牌	性价比	线下体验店数量	产品线数量	优势
绿米联创	★★★	★★★★★	★★★	手势识别操作 可接入 HomeKit
欧瑞博	★★★	★★★	★★★	MaxPad 超级面板 触摸和物理按键开关面板
小米米家	★★★★★	★	★★★★★	开放、丰富的生态链 产品种类又多、性价比又高

触摸、按键和旋钮多合一控制开关实景（图片来源：如影智能）

第 6 章

智能家居
安全问题

系统安全

智能家居安全性的核心是系统安全，系统的安全性是智能家居的地基，该环节出问题造成的影响最大。

现阶段业主不选择智能家居，有一个非常大的原因是担心安全问题。还有的业主担心个人信息在使用智能家居的时候被盗用。一般来说业主担心较多的是系统安全问题。

现在全屋智能都是以项目或者系统的方式布置到室内空间的，所以提供全屋智能方案的服务商或平台能否提供可靠的安全策略、完善的身份认证流程是非常关键的。选择单一的服务商或平台会比混合使用不同协议和不同服务商产品的智能家居的安全性更可控。

服务器问题影响面广

平台安全性问题

上一章提到的一些智能家居平台是通过提供云端服务来整合各类产品的，所以当智能家居平台出现问题时，必然会影响智能家居设备的使用。

网关安全性问题

很多有线智能家居集成商，会通过自己开发的主机（网关）来控制产品，很多网关没有安全性认证，网站通信也没有加密，非常容易被破解和拦截。很多服务商为了降低售后成本（上门售后成本高），方便远程调试给智能家居中控主机开放了很多的远程登录和管理的服务端口，而且设置了非常简单的密码。一旦这些服务端口的登录密码被破解，其他人就可以自由登录到这个网关上，实现对用户数据的拦截和窃取，甚至可以随意操控连接到该网关的智能设备。

在阿里云的某安全会议现场演示中，有些服务商留下远程安全外壳协议（SSH）调试的密码简单。这种级别的弱口令很容易被破解，从而获取智能家居设备信息甚至控制权。

弱口令容易被猜到从而被入侵

软件安全性问题

2017 年前的智能家居大部分通过面板或遥控器进行控制，现在的智能家居系统不管有线还是无线都能通过手机 APP 进行控制。所以手机 APP 的安全性也非常重要，主要体现在以下两点：

第一，APP 的稳定性，时不时断线或失去响应会带来一些不安全的问题，例如以为已关掉某电器，但实际上还在一直运行，这样就会有安全隐患。

第二，APP 的隐私问题，《南方都市报》发布的《智能家居隐私政策透明度测评报告》显示，50 款智能家居 APP 中，有 22 款智能家居 APP 没有隐私政策，仅 7 款 APP 在隐私政策中涉及个人敏感信息。在保护用户隐私方面，有丰富软件开发经验的大型互联网公司会比传统家电企业做得更好。

软件安全性问题可能导致屋内摄像头被"入侵"

网络安全

网络是智能家居的基础，现在越来越多的电器是联网的。如果网络层面不安全，那么智能系统层面再安全也是徒劳。

运营商的网络安全

运营商的网络安全问题会为智能家居带来不安全因素，不过运营商的网络问题涉及范围很大、层次较高，一般属于国家级别问题。普通用户能做好的是维护好家庭网络的安全性设置。

运营商网络故障或断网会引起全屋智能家居系统故障

家庭无线网络安全

家里摄像头被非法远程查看，这类安全问题恐怕多半不是摄像头出了差错，而是家里网络设置出了问题，是路由器没有设置好而导致其他网络可以访问到家庭局域网里面的设备。有一些摄像头默认设定都仅可通过局域网查看，没有远程查看的功能。关于提高家庭无线网络安全性有以下几点建议：

（1）定期修改管理员用户名和密码。

路由器一般是通过后台登录管理员账户进行管理和配置的，用户名和密码是由制造商所设置的，有些会在第一次登录的时候要求必须修改密码，有些则不会。为了保证家庭网络的安全，建议定期修改管理员密码。如果设备支持修改管理员用户名，那么也建议修改。

（2）启用无线网络保护访问（WPA）加密。

有线等效保密（WEP）加密非常容易被破解，因此不建议使用，建议优先选择WPA2（WPA 第二版）加密。

（3）修改默认的服务集标识（SSID）网络名。

SSID 就是通过手机等连接无线 Wi-Fi 时显示的名字，打开连接 Wi-Fi 界面时会看到一堆"TP-LINK-XXXX"，这就是 SSID 名字。默认的 SSID 名字容易让别人知道你所用路由器的品牌，进而登录路由器。

（4）为访客、设备、智能家居分别设置不同的 SSID。

目前大部分智能家居设备、电器只能接入 2.4 GHz 的无线网络，手机、平板、笔记本、电视机等都可以接入 5 GHz 的无线网络，所以可以针对 2.4 GHz 和 5 GHz 的无线网络分别设置一个 SSID 名字和密码进行区分隔离。

对于临时来家的客人建议开启路由器的访客（GUEST）SSID，目前绝大部分路由器都有此功能，访客的网络是和家庭网络隔离的，因为有些人家里会有网络附属存储（NAS）、私有云储存、打印机共享等开放性的设备，不方便客人进行连接查看。还需要特别注意的是，SSID 名不要包含楼层和房号。

现在有些路由器厂商出于智能家居的安全性考虑，新推出了带有智能家居守护功能的路由器，业主也可以选择购买此类产品。

Wi-Fi双频合一　　⬤

开启后，2.4G和5G会使用同一名称，路由器会自动为终端选择最佳WiFi网络，如离路由器较近，会切换至5G网络，反之会切换至2.4G网络。但由于终端设备存在差异，可能存在：自动切换信号源时网络会短暂中断，甚至频繁掉线等问题。

2.4G Wi-Fi

开关　　　　　　　　⦿ 开启 ○ 关闭

| ABCD | 名称 |

☐ 隐藏网络不被发现

| 强加密(WPA2个人版) | 加密方式 ⌄ |

| •••••••• | 密码 👁 |

| 13 | 无线信道 |

| 20M | 频段带宽 ⌄ |

| 穿墙 | 信号强度 ⌄ |

保存

5G Wi-Fi

开关　　　　　　　　⦿ 开启 ○ 关闭

| ABCD_5G | 名称 |

☐ 隐藏网络不被发现

| 强加密(WPA2个人版) | 加密方式 ⌄ |

| •••••••• | 密码 👁 |

| 自动 (149) | 无线信道 ⌄ |

| 穿墙 | 信号强度 ⌄ |

小米路由器设置后台界面

小米路由器设置访客和防蹭网模式界面

除了系统和网络的安全性问题，智能家居的单品也存在安全性问题。尤其需要注意的是指纹门锁和网络摄像头的安全问题。

智能门锁

关于智能门锁有以下几个建议：

（1）选择无法远程开启的门锁，正常生活中并没有那么多远程开启门锁的需求，通常朋友来家中做客都会提前打招呼。不设置远程开启功能的智能门锁安全性上更有保障。

（2）新录制的指纹最好一口气开锁 15 次以上，这一条建议乍一看很奇怪，实际上是因为现在的指纹识别算法都带有学习功能。智能门锁会通过前十几次的开锁自动学习，容错率比较高。

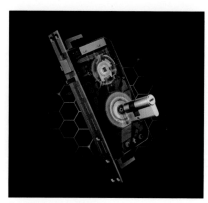

指纹锁安全性很重要

（3）选择带有物理反锁和防止猫眼开锁功能的智能门锁，如果家里没有幼儿的话，选择带有物理反锁功能的指纹锁会比电子反锁安全，就算是管理员密码被破解也依旧进不来。

（4）建议购买带防"小黑盒"[1]、C级锁芯和防假指纹识别的指纹锁，以上几项安全措施都是目前市面上指纹锁的标配。

---

[1]小黑盒是一个迷你的高强度电磁脉冲器，可以形成强大的磁场进而破坏周边的电子设备，当智能锁碰到强电压和电流时会造成电路板的芯片死机，而大部分智能锁默认芯片死机重启，而重启后会自动开锁。

（5）关闭 NFC 门禁卡片开锁功能，避免被复制盗刷。

绝对安全是不存在的，在大多情况下能确保安全才是应该考虑的问题。以智能门锁为例，现在的智能门锁其实和传统门锁的安全程度差别不大，在技术性开锁的情况下，都有可能被打开，区别在于传统门锁被开锁你可能完全不知道，只有等回到家才发现锁被开过了；智能门锁会有撬锁提醒推送到手机 APP 上，在这个情况下你可以远程查看摄像头或者联系物业、报警。

网络摄像头

很多家庭会在入户玄关处或者客厅的公共区域安装摄像头，摄像头的安全配置直接关系到个人的隐私。设置上注意以下几点事项，可以提升安全性：

（1）能不联网就不联网，可以选择本地硬盘存储。

（2）摄像头朝向，有些摄像头可以 360°旋转，有些是固定视角的，如果没有监控宠物、儿童的特殊需求，建议选择固定视角的摄像头，这样即使被入侵，也只能查看特定区域的画面，无法旋转摄像头查看其他区域的画面。

（3）初始账户密码一定要修改，并设置复杂一些的密码。

（4）选择物理遮盖或者用智能插座断电。

（5）及时更新固件，选择大厂品牌安全性更高。

物理遮蔽

休眠时镜头藏入机身。

硬件是解决摄像头安全性问题的重要措施（图片来源：绿米联创）

其他因素不是产品或者网络出问题，而是使用上的一些错误导致的安全性问题，更像是"人为"因素。

账号安全问题

大部分用户的配置是交由本地服务商进行搭建的。为了省事，很多人选择手机尾号或"12345678"等弱口令作为登录密码，用户在入住后没有及时修改，导致存在安全隐患。还有很多平台有分享功能，但是查找分享明细和被调用记录不是很方便，容易导致泄漏隐私。

不建议使用弱口令

配置和操作问题

有些智能家居的安全问题是由于配置上的失误导致的，常见的配置问题包括：

（1）智能门锁正式使用时，没有删除测试时使用的"123456"等简单密码。

（2）自动化开启电器没有考虑家中无人的情况，遇到家人长途旅行或是出差的情况，如果加湿器自动打开干烧的话，会产生安全隐患。

（3）儿童房的智能音箱权限没有配置好，可控范围过大的话，如果频繁通电、断电，容易造成电器设备损坏。

（4）如果网关没有设置防误删的话，会导致被长按重置后需要重新添加传感器和配置智能化。

由此可以看出智能家居安全性涉及的层面较多，很多时候并不是智能家居产品不够安全，而是配置的人员最初设置或业主在使用过程中的操作失误，导致用户觉得智能家居不好用和不安全。其实免布线型的智能家居设备，可以随时恢复到传统模式，智能开关换成普通开关，传感器也可以拆除，不用担心智能家居系统不安全、不靠谱。

智能设备需要合理设置才能发挥最大效果

第 7 章

智能家居
单品推荐

进入智能家居空间首先接触的就是智能门锁，大部分人接触的是指纹门锁，现在市面上也有一些新出的门锁甚至有厂家直接做智能门。

指纹门锁

智能门锁里面指纹门锁是最常见的，价格从几百元到几千元都有，款式丰富多样，有传统带把手的，也有推拉式的。有些款式和传统门锁一样，可以在室内房门使用，设计效果比较理想，同时不改变传统门锁的使用习惯，使业主能平稳过渡到指纹门锁。

● **选购要点** 具有 C 级锁芯、活体指纹识别、防猫眼开锁、防"小黑盒"功能。

● **设计要点** 需要注意锁体类型是否和入户大门匹配，市面上大部分指纹门锁不支持霸王锁体，有些可以通过改装导向片进行适配。如果在业主更换入户门的情况下，建议直接预留标准锁体位置。

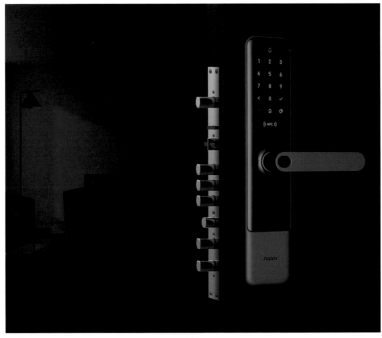

智能指纹门锁产品图（图片来源：绿米联创）

人脸识别门锁

人脸识别门锁相对于指纹锁来说有几个优点：

（1）若有老人、儿童等指纹不清晰的情况，也可以顺利打开。

（2）真正地解放双手，如果双手提东西的话，不用将物品放下来用指纹识别后再开门，可以直接人脸识别，解锁后用身体推门而入更加方便。

（3）现在很多小区门禁也升级为人脸识别，除了方便以外还有一个很重要的原因：非接触，在新冠肺炎疫情常态化防控的情况下，小区居民通过刷卡进入小区的操作有交叉感染的风险，而人脸识别是一个非常好的门禁解决办法。

除了优点，人脸识别门锁也存在以下缺点：

（1）为了方便夜晚、戴口罩、化妆等情况下也能顺利识别，需要红外摄像头、红外补光、3D 人脸识别等，所以价位相对指纹门锁来说更高，普遍要 3000 元以上。

（2）耗电量比指纹门锁大很多，同品牌同等级的指纹门锁续航时间会比人脸识别门锁多 60%~150%。

（3）发型变化或者佩戴墨镜、帽子会影响人脸识别功能。

●**选购要点**　要有真 3D 人脸识别和活体检测功能，识别范围需要满足家庭成员的身高范围。

●**设计要点**　首先注意智能门锁对大门厚度是否有要求，其次在入户双门的情况下注意两个门之间的间距是否满足智能门锁安装使用要求。

判断智能门锁是否支持安装的说明

判断条目	标注	条件	可能结果
门锁面板位置宽度	A	> 10 cm	可安装
木门厚度	B	> 4.5 cm	可安装
防盗门厚度		> 4 cm	可安装
木门、防盗门内外门间距	C	> 9 cm（执手错开）	可安装
		> 16 cm（执手平行）	可安装

智能门

市面上的智能门普遍是金属入户大门、指纹门锁与电子猫眼的组合，其中指纹门锁用的是电池供电需要定期更换，电子猫眼用的是锂电池需要经常充电。有些厂家推出的智能门，整合了大门、智能门锁和电子猫眼功能。

经过一体化设计的智能门美观度和实用性更佳，绝大部分做智能门锁的厂家是没有做入户大门的，也就是说哪怕都是黑色或者银色，门锁和门也可能会有色差，整体造型也是各做各的。智能门是一体化产品，吻合度和色彩的匹配度较高，同时由于预埋了电源，后期可以一劳永逸，不用再定期给门锁和可视门铃充电（换电池）。

●**设计要点** 确定该尺寸的入户大门厂商能否生产，建议提前按照要求预留电源盒子（需要在施工图上标示清晰）。

●**选购要点** 智能门属于新兴产品，款式和材质比较单一，选购时需了解清楚设计的款式是否还在生产，供货期需要多久？开门方向和送货安装服务需要再次确认，大部分的智能门本地没有实体店需要网购，可能存在配合不到位的问题。

智能门实景（图片来源：如影智能）

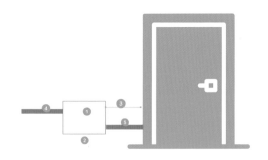

❶ 电源预埋盒墙体开孔尺寸：92 mm×92 mm×50 mm，将电源线放置在电源盒子里。

❷ 电源预埋盒离地砖建议高度：300 mm。

❸ 电源预埋盒离门框建议距离：200 mm（具体视现场情况而定）。

❹ 市电走向示意，开槽后预埋线管。

❺ 电源盒与门体建议连接示意图，开槽后预埋线管。

智能门安装示意图

智能摄像头

传统摄像头在别墅、公共空间使用比较多，
智能摄像头多在看护、警戒等情况下发挥作用。
传统的摄像头往往只能事后追查。

以安防为主

●**选购要点**　选择有线网络连接摄像头和硬盘存储的，方便迅速查找回放。有些小店面装修业主对摄像头的要求更多的是注重稳定高清，以便长期保存视频。如果是以安防监控为主的需求，推荐传统老牌的摄像头品牌，比如海康威视。

不同像素摄像头存储量及存储时间对比

像素	1TB	2TB	3TB	4TB	6TB
100 万	52 天	104 天	156 天	208 天	312 天
130 万	40 天	80 天	120 天	160 天	240 天
200 万	24 天	48 天	72 天	96 天	144 天
300 万	22 天	44 天	66 天	88 天	132 天
400 万	14 天	28 天	42 天	56 天	84 天

●**设计要点**　需要预留网线和电源，如果设备支持 POE 供电，可以只留网线。目前市面上比较新的摄像头大部分都支持 POE 供电，方便进行布线和施工后期点位调整。

POE 供电摄像头实景

以看护为主

●**选购要点** 针对以看护为主要需求的业主，可以推荐其选择智能家居平台的智能摄像头。智能摄像头对宠物看护等场景有智能化设计，能自动记录、自动报警。对老人或者婴儿看护也有针对性的功能。

●**设计要点** 摄像头的位置需要预留插座，同时应考虑摄像头不能被宠物和儿童轻易"触碰"。

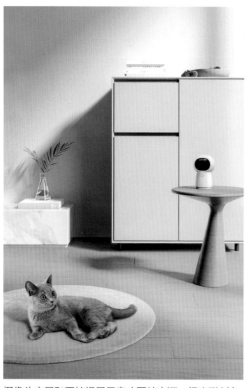
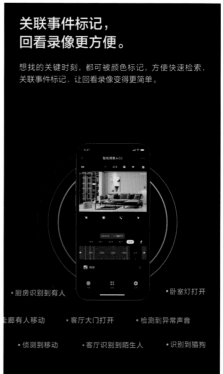

摄像头实景和看护场景示意（图片来源：绿米联创）

以互动为主

有些业主选择摄像头，只是为了能方便查看家里情况或远程监控小孩是否做作业并与其通话。这一功能在小孩自行放学回家，家长还没下班回家的时候发挥作用。

●**选购要点**　远程呼叫通话功能和能 360° 旋转的摄像头。

●**设计要点**　建议放在客厅中间位置，支持倒装的还可以安装到吊顶上。

摄像头安装示意（图片来源：绿米联创）

路由器

要说现在什么网络设备是家里的刚需，恐怕当属路由器了，路由器是新时代装修房子的必需品，厂家也在不断推陈出新，那么面对各式各样的路由器该如何选择呢？

中小户型建议使用单个路由器

● **选购建议** 天线数量不少于 4 根，双核处理器，内存容量 256 MB 起。

路由器实景

三到五室户型路由器推荐方案

对于网络覆盖要求较高的业主，一个路由器满足 100~200 m^2 的住宅使用需求显然是不够的。对于大多数的客户来说，采用有线 Mesh 路由器方案或者 AC+AP 方案都可以，基于性价比考虑，推荐用2~3个支持有线Mesh的路由器来做全屋的网络覆盖。

● **选购要点** Mesh 路由器建议选择单台价格在 200 元以上的主流品牌（小米、华为、TP-Link），效果不错。AC+AP 造价会高一些，每个房间和公共区域都要有 AP 覆盖，单个 AP 面板价格普遍在 150 元以上。

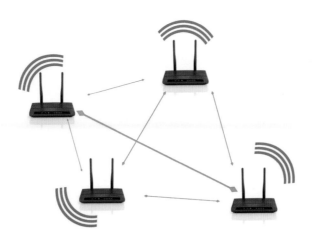

Mesh 路由器无线组网示意图

国外高口碑路由器介绍

在美国亚马逊网站上的全屋 Wi-Fi 系统用户评价排序可以看到多个品牌被国外用户广泛认可，这里介绍两个路由器品牌产品。领势（LINKSYS）路由器，推荐购买最新款家用路由器，单个路由器价格在 1200~1400 元。优倍快（UBNT）路由器，支持 Mesh 路由器，价位在 800~1400 元，同时其最新款支持 Wi-Fi 6.0 的 AP，价格在 1000 元左右。

领势路由器

优倍快路由器

现阶段全屋智能的实际安装率可能还不如背景音乐系统，经过回访客户发现居家环境背景音乐后期使用频率不高。将智能音箱整合进全屋智能系统作为智能背景音乐解决方案是未来的趋势。

智能音箱

背景音乐系统也是很多业主会询问设计师的地方。以前设置背景音乐几乎只有一种解决方案，就是在吊顶上预留音频线开孔，后期安装喇叭通过一个中控播放音乐。

安装到吊顶的背景音乐喇叭

智能音箱的优点

现在由于智能音箱的发展，设置背景音乐又多了一种选择，那就是在每个空间放置一台智能音箱，既可以全屋联动，还可以分区播放。智能音箱相对于传统的背景音乐设置有以下优点：

（1）出声位置更合理，传统的背景音乐设置是在吊顶安装喇叭，声音是从屋顶传出来的，智能音箱的声音是水平传播的，空间感更强。

（2）更换升级更灵活，不用拆卸吊顶走线，客厅的音箱可以直接拿到书房用，实现"一机多用"。

（3）音源和歌曲选择性更为丰富，现在很多年轻人喜欢用各种APP听歌，如QQ音乐、网易云音乐、Apple Music等。传统的背景音乐系统受主机限制往往只支持部分APP。

（4）控制播放更方便，华为、小米、苹果的智能音箱可以接收语音命令进行切歌、调整音量、搜索歌曲名字、搜索新歌热歌、语音定时播放等。

（5）除了听歌，智能音箱还可以作为智能家居的控制中心对全屋智能产品进行控制，如开关灯、开关窗帘等，同时不同房间的语音音箱还可以互相呼叫进行喊话，再次实现"一机多用"。

智能音箱可以控制多种电器设备

（6）如果与智能音箱配套的电视机也是相同品牌的话，那么还可以作为环绕音箱的卫星音箱使用，又一次实现"一机多用"。

华为电视机配合华为音箱组成的家庭影院实景

客厅巨幕设备

虽说现在有些家庭中客厅已经不放电视机了，但是在客厅中摆放电视机的家庭还是占大多数，随着科技的发展，电视机屏幕尺寸越来越大，对于想看大屏幕电视的需求有哪些解决方案呢？

液晶电视机——100 英寸以内

现在 98 英寸的电视机价格已经降至 2 万元以内了，以性价比著称的红米电视机在 2021 年双十二期间价格为 16 999 元。相同尺寸的 TCL、创维等传统品牌电视机价位也在 2 万元左右，华为的智慧屏官方售价为 29 999 元，和一开始动辄十几万的售价比起来已经便宜很多，大部分家庭可以承受。

大屏幕的电视机实景

很多业主可能对小客厅大屏幕持怀疑态度，现在液晶电视比过去显像管电视最佳观看距离更短一些。一般来说，3 m 宽的客厅可选 60 英寸左右的电视机，而且大屏幕电视机几乎占据中小户型的整个电视机背景墙。这样背景墙可以设计得很简单，不用过多石材、金属装饰。毕竟大部分都被电视机挡住了，省下来的几千元背景墙费用，花在电视机上性价比真的超高。

激光电视机——100 英寸以上，不伤眼

　　激光电视机是这几年开始流行的客厅巨幕解决方案。一般要配套专用的抗光屏幕，即使在白天效果也不错。考虑到屏幕搬运的问题，大部分电梯只支持 100 英寸以内的电视机。更大的屏幕就需要吊装或者改用拼接的屏幕或柔性的屏幕。

100 英寸以上幕布实景

　　激光电视机一般放置在电视机柜上方，如果家有儿童，担心被碰到破坏激光电视机的话，可以采用吊装。需要特别注意的是，专用的抗光屏幕是有方向性的，吊装激光电视机主机时需要更换屏幕方向。

　　国内的主流品牌激光电视机配套 100 英寸硬屏价格为 15 000 元到 30 000 元，由于 98 英寸的液晶电视机价格降至激光电视机的价格区间，所以现阶段设计师更倾向于推荐业主购买液晶电视机。如果业主希望屏幕尺寸为 120 英寸甚至 150 英寸，同时希望白天也有不错的效果，那么激光电视机就是不二之选。激光电视机还有一个优点就是更加护眼，光线并不是直接射入人眼而是先经过漫反射。有些家长怕小朋友看电视太久伤眼，这时就可以推荐激光电视机。

激光电视机实景

传统投影仪——150 英寸以上

当只有 2 万到 3 万元的预算又想拥有 200 英寸大屏体验的时候，投影仪加幕布就是最好的选择。由于幕布的柔软性和抗光硬屏比对于环境光线的要求高，很多家庭在白天日光充足的客厅用普通投影仪呈现的效果都不太理想，所以普通投影仪适合用在专门的影音室环境，采用投影仪加幕布最合适。不同于液晶电视机和激光电视机，投影仪的投影距离没有固定标准，不同品牌、不同等级的投影仪需要的投影距离都不一样，设计图纸预留投影仪的升降位置、电源、HDMI 高清线、网线等的需要特别注意。

投影仪的有些优势也是电视机不具备的，那就是屏幕可以收起来，隐藏到吊顶里。这对于一些设计方案来说，可以让空间用途多元化。

大部分情况下普通电视机就能满足需求。当需要超过 100 英寸电视机或者为了护眼时，就可以考虑激光电视机；当需要超过 150 英寸大屏幕或需要隐藏屏幕时，就要通过投影仪加幕布来实现。

投影仪实景

厨房、餐厅的智能设备

餐厨空间也是非常多业主关心的空间，对于设计师而言，设计好餐厨空间进而获得业主的认可至关重要。本节介绍了一些在餐厨空间中使用的智能设备，对于洗碗机这类一旦用了就离不开的设备，设计师强烈推荐。

冰箱

现在市场上已经有带有巨大屏幕的冰箱了。目前的智能化冰箱大多数还停留在用 APP 查看和设置温度等水平，并没有很多真正意义上的智能功能。带有屏幕的冰箱有更多娱乐性功能，实际上在居家生活中不太可能用冰箱看电视剧、听歌、玩游戏、看新闻。也有厂家想通过在冰箱内放置摄像头，用 AI 算法监控食品、蔬菜、肉制品等放置时间，提醒用户哪些食物有过期变质风险。不过实际落地的话，可能不符合国情和使用习惯，我们家经常用红色塑料袋包着食物塞进冰箱，即使再高清的摄像头也看不到里面装的是什么。

智能冰箱使用实景

所以冰箱的选用在现阶段不用考虑太多智能功能，根据业主喜好或者外观搭配选择即可。

吸油烟机和燃气灶

同冰箱一样，在目前来看带有屏幕或语音控制功能的吸油烟机，噱头大于实用性，建议业主选购实用的烟灶联动的套装。

带有联动功能的吸油烟机和燃气灶实景

洗碗机

洗碗机是提高生活品质力荐的厨房单品，选择带有消毒、烘干功能的，完全可以替换消毒机。

目前洗碗机品牌很多，有嵌入式、独立式、台上式等多种类型，设计师可以结合业主喜好及预算进行推荐。需要注意的点在于洗碗机需要预留水电位置，正常来说，都是橱柜商进行水电深化设计。作为设计师，也需要大致了解并审核橱柜商出具的厨房深化水电点位图。

嵌入式洗碗机实景

其他智能小电器——电饭煲、微波炉

小型智能电器绝大部分是通过 Wi-Fi 连接到全屋智能系统的，可以远程用手机定时、预约和查看作业进度，可接入主流平台，还支持语音控制。

智能微波炉和智能电饭煲手机端 APP 截图

厨房机器人

有没有想过给家里直接配一个"米其林私厨"？全流程自动烹饪，大师级口感！现在已有厂家针对家庭场景推出了智慧厨房产品。备好材料，选择程序，智慧厨房即可开始做菜。可以看出机械手拿取牛排很精准，力度也恰到好处。

未来的智能家居单品只会越来越丰富，会有更多让人意想不到的单品或解决方案的出现。作为设计师，多了解一些新奇的产品有利于和业主沟通，不仅话题更丰富还能向业主推荐适合他的最新的产品。

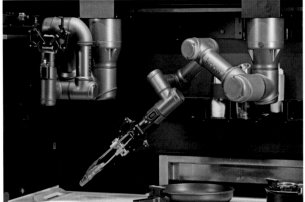

智能厨房实景（图片来源：如影智能）

卫浴区域智能设备

卫浴区域是每个人每天都要去的空间，有些人已经用上智能马桶了，其实卫浴区还有不少电动或者智能类产品可以购买，比如电动牙刷、电动冲牙器。这类产品一旦使用起来都可极大地提高生活品质。对于家装设计师来说，了解更多提升生活品质的产品，才能更好地满足业主。

智能马桶和智能马桶盖

提起智能马桶或智能马桶盖，相信很多业主和设计师都不陌生，需要注意的是水电位置的预留。如果有些业主采用的是普通马桶加智能马桶盖的形式，那么需要注意预留插座的位置不要被马桶挡住，以免无法使用插座。有些智能马桶或智能马桶盖带有净化水质功能，需要额外接一路进水，过滤后的净化水来清洗，所以在水电图上要多一路进水的点位。对于男业主来说最关心的莫过于是否有男生小便的功能，目前一些新款的智能马桶有专门针对男士小便场景做的配套功能，可以推荐给业主。

此外，还要注意业主选定的智能马桶或智能马桶盖按键面板是否放置于马桶边，需要预留出 10 cm 以上的宽度。

智能马桶实景（图片来源：绿米联创）

智能魔镜

卫浴区域中还有一个多数业主会问到的产品就是智能魔镜（智能浴室镜）。此类镜子在唤醒的时候类似于安卓平板，自带的应用有语音识别、天气、新闻、娱乐、小游戏等，通过安装智能家居平台的 APP，还能实现控制全屋灯光、电器等。

智能魔镜实景

对于此类产品，基于已购买用户的反馈，绝大部分买回去使用频率很低。有独立衣帽间的情况下，可能使用频率会高一些。

其他小家电——智能电动牙刷

智能电动牙刷最大的优势在于可以通过手机查看刷牙的历史数据，有些产品连接手机后，还能让手机作为教练进行语音引导和提示刷牙姿势。这是传统电动牙刷无法实现的。

智能电动牙刷

电动晾衣架是生活阳台区域业主最熟悉的产品之一，现在市面上出了一些可以连接到全屋智能系统并能根据环境情况自动调节的智能晾衣架。除此之外生活阳台区域的智能设备还有智能洗衣机和扫地机器人等。

智能晾衣架

现在用电动晾衣架的业主非常多，有时候为了美观，设计师会把电动晾衣架隐藏到吊顶里。如果是普通的电动晾衣架，只需要注意是否需要预埋吊丝即可。预留的尺寸要满足当晾衣架升到最高处时晾衣竿不会撞到吊顶。但是如果是带有烘干功能的晾衣架，那要看进风口和出风口是否在侧边，预留吊顶空间的时候要考虑进风顺畅，出热风时，如果会吹到吊顶也需要考虑后期吊顶开裂的问题。当然如果只具有升降功能，那谈不上智能，有些智能晾衣架甚至会根据日光来调整高度，以便最大限度地照射到太阳光。

其他的智能电器如洗衣机、扫地机器人等，在设计阶段，和传统电器注意事项一样，只需要注意预留尺寸就可以，这些电器都是通过 Wi-Fi 接入网络的，无需预留网线。

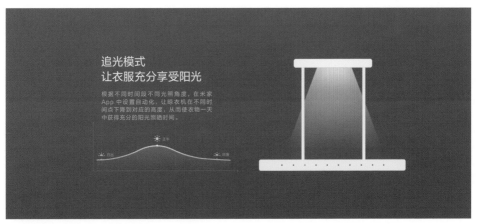

智能晾衣架功能介绍（图片来源：绿米联创）

智能洗衣机

相对于传统洗衣机来说，智能洗衣机可以通过手机 APP 远程控制和实时查看洗衣进度，确实方便许多。

中大型的家电都是直接通过 Wi-Fi 接入网络的，因此需要特别注意，放置智能家电的区域中网络的覆盖情况，洗衣机的位置往往是生活阳台的角落或者卫生间角落——恰恰是网络信号不好的地方。如果业主喜欢智能家电，设计师需要留意下网络是否覆盖到了阳台或卫生间区域。

智能洗衣机 APP 设置截图

扫地机器人

扫地机器人这几年发展迅速，不断推陈出新。多数扫地机器人具备扫拖一体、自动清洁的功能，甚至有些款式带有基站还能自动集尘，设计师需要注意相关的产品尺寸，预留好相应的空间，方便扫地机器人后期使用与收纳。

扫地机器人

扫拖一体机器人

有的业主可能会觉得扫地机器人还不够解放双手，那么可以向他推荐扫拖一体机器人，这种机器人扫完地还能拖地。扫拖一体机器人发展很快，甚至出现了自动上下水的扫拖一体机器人。现在市面上大部分扫拖一体机器人拖完地后，干净的水变脏需要用户手动倒掉，再换入干净的水才能继续工作。

扫拖一体机器人

未来会有更多的自动上下水的扫拖一体机器人，设计师需要提前了解，在设计阶段预留空间以及进水和排水管道，这样才能满足业主对智能化设计的需求，建议将其和洗衣机一起放入洗衣柜，洗衣机本身的水电点位满足自动上下水扫拖一体机器人的安装需求。

新能源汽车

新能源汽车越来越朝向第二起居室的方向发展，所以新能源汽车的智能化，以及如何将其整合到全屋智能系统中是其未来发展的趋势。

第二起居室

很多读者可能不知道新能源汽车与智能家居有何关系，下面从两点来介绍两者的关系：

第一，很多厂家把新能源汽车定位于第二起居室，既然是起居室那不就是家居生活的延伸嘛。新能源汽车不仅仅是能源来源不同，更多的是使用理念方面的不同。汽车往智能化、自动驾驶发展的方向是不可逆的。虽然现在还无法完全实现自动驾驶，但是很多新能源汽车副驾驶及后排的娱乐功能已经非常丰富了。很多车主会通过一件小配件把车变为周末郊游的移动房屋，汽车提供的灯光、空调和电源能满足基本居住所需。也有的车主在车上准备了办公的配件，后排放倒可作为临时午休的场所，前排配备小桌子真正做到了移动办公。

新能源汽车移动办公实景（图片来源：车友大雄）

第二，很多业主开始考虑购买新能源汽车，是因为其自带的系统能接入智能家居系统。以小米智能家居为例，比亚迪和奔驰的某些车型自带"小爱同学"，完全可以在车上通过语音远程控制家里的电器、灯光等。

如何将新能源汽车整合到全屋智能？

从小米全面转型人工智能物联网可见未来的汽车和家居生活是分不开的。就设计师和业主的沟通来说，如果设计师花点时间去了解新能源汽车的话就会发现，在别墅停车场的设计上要考虑停车场的Wi-Fi覆盖问题，因为部分电动汽车需要连接Wi-Fi才能下载软件进行升级。

电动汽车需要充电桩，有些业主希望用柜子将充电桩隐藏起来，以使立面造型更美观，那么设计师就需要了解充电桩的尺寸。有些品牌的智能手表可以作为汽车钥匙，如果设计师对于这些有所了解的话，不仅能提高自己的知识面，还能提高谈单的成功率。

未来汽车也和电器、智能设备一样可以通过手机控制并能与全屋智能联动

新能源汽车系统每次重大升级都是一次"拆礼物"

未来人工智能的发展趋势

未来人工智能的发展趋势是硬件基础功能日渐完善，软装方面的新功能不时推新，客户可按需自动购买使用。下图为特斯拉 APP 的自动升级功能，甚至在车辆已经购买，并在驾驶后的情况下，还可以付费解锁一些新功能。

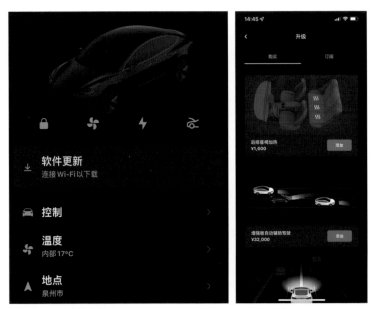

特斯拉 APP 升级功能

本章介绍了一些智能产品及相关的选购要点和设计要点，这些产品介绍再加上前面章节介绍的智能家居系统知识，相信可以满足大部分业主对于全屋智能化的需求，也能提升设计师对于智能家居系统的全方位认知。